Bernd Eisenschink / Dietmar Beckmann, Alpenbahnen

Bernd Eisenschink/Dietmar Beckmann

Alpenbahnen

Strecken, Züge, Landschaften

GeraMond

Aufnahme Titel: Die 1044 104 der Österreichischen Bundesbahnen ist am 4. Mai 1996 mit dem IC 562 „Bregenzerland" auf der Arlbergstrecke unterwegs und wird gleich die Trisanna-Brücke überqueren (Foto: Ulrich Wehmeyer)

CIP-Einheitsaufnahme
Alpenbahnen:
Strecken, Züge, Landschaften/
Bernd Eisenschink, Dietmar Beckmann. – 1. Auflage
München: GeraMond Verlag, 1999
ISBN 3-932785-32-0
NE: Bernd Eisenschink / Dietmar Beckmann

ISBN 3-932785-32-0

1. Auflage 1999

Lektorat: Uwe Miethe
Text: Ari Camp
Idee und Layout: Edition Lan AG, Zug
Karten: Reinhold Eisele
Druck: Printer Trento S.r.l., Trento
Printed in Italy

Vorwort

Von der Eisenbahn geht eine eigenwillige Faszination und Anziehung aus, Alpenbahnen im Speziellen ziehen ihre Betrachter regelrecht in ihren Bann. „Semmeringbahn“, „Tauernbahn“, „Giselabahn“, „Karwendelbahn“ oder die Verbindung über den Brenner, die österreichische Ost-Westverbindung über den Arlberg, die „Lötschbergbahn“ oder die Strecken über den Simplon und Gotthard, die schmalspurigen Strecken der Rhätischen Bahn, alle diese Bahnverbindungen weisen spektakuläre, oftmals in atemberaubender Kunstfertigkeit von Menschenhand ohne die heute üblichen technischen Hilfsmittel erstellte Kunstbauten auf. Sie machen den Reiz, die Anziehung, ja den Charme dieser Strecken aus. Gerade weil sie nur mit bescheidenen technischen Hilfsmitteln erbaut worden sind, passen sich diese Bahnlinien einzigartig in die sie umgebende Landschaft ein. So kann es auch nicht verwundern, daß die „Semmeringbahn“ im Dezember 1998 als erste komplette Bahnlinie dieser Erde von der Unesco zum Weltkulturerbe erklärt wurde. Wer einmal eine dieser Bahnlinien bereist hat, durch deren Tunnels, über ihre Brücken und Viadukte gefahren ist und in tiefe Schluchten oder auf die schneebedeckten Berggipfel gesehen hat, der wird eine solche Reise sein Leben lang nicht mehr vergessen. Aber auch die Zulaufstrecken zu den Alpentransversalen verdienen nicht weniger Beachtung. Sie können zwar nicht mit großen Kunstbauten aufwarten, ihre landschaftliche Lage – beispielsweise entlang der bayerischen Seen oder im Allgäu – ist aber immer verbunden mit dem stets vorhandenen Bergblick und daher nicht minder reizvoll.

Der landschaftlichen Schönheit steht heute aber der Nachteil der niedrigen Durchschnittsgeschwindigkeiten und der langen Fahrzeiten gegenüber, und die betroffenen Bahnverwaltungen in Deutschland, Österreich, Italien, Frankreich und der Schweiz müssen sich dem Wettbewerb stellen. So ist es nicht verwunderlich, daß der Ruf nach Basistunnels immer lauter wird. Doch ob mit diesen milliardenverschlingenden „Jahrhundertbauwerken“ tatsächlich auch mehr Fahrgäste gewonnen und Güter auf die Schiene (zurück-) verlagert werden können, bleibt abzuwarten.

Alle Für und Wider sollen jedoch an dieser Stelle nicht weiter betrachtet werden, im Mittelpunkt dieses Bildbandes steht die heutige Eisenbahn und deren Einbindung in die Landschaft sowie die fotografische Umsetzung. Es soll der Stellenwert der Eisenbahn in das richtige Licht gerückt werden, unsere Umwelt und vor allem unsere Nachwelt werden es uns sicherlich danken.

München, im Frühjahr 1999
Bernd Eisenschink

Inhalt

Nördlich der Alpen: Von München über Salzburg nach Wien

Wo sonst außer in München könnte eine Reise in und durch die Alpen beginnen? Die bayerische Landeshauptstadt, sie atmet wie keine andere deutsche Großstadt den Flair des Südens. Wenn an klaren Tagen der Blick bis weit in die Berge schweift; wenn der Föhn, jener berühmt-berüchtigte „laue Südwind" den weiß-blauen Himmel auf Hochglanz poliert, dann scheint München mit seinen Türmen der Frauenkirche, dem Olympiastadion, dem Rathaus mit seinen ewig tanzenden Schefflern und seinem liebenswerten Münchner Kindl direkt am Fuße der Alpen zu liegen. Die schneebedeckten Gipfel, die grünen Bergrücken, die dunklen Gebirgswälder sind dann zum Greifen nahe.

München, die Weltstadt mit Herz, wie sie sich selbst gerne nennt, vermittelt zwischen dem Norden und den Ländern jenseits der Alpen. Unter König Ludwig I. hielt die italienische Renaissance Einzug, entstanden teils nach florentinischem Vorbild die Prachtbauten der Ludwigstraße und der Maximilianstraße. Traditionell sehr stark sind

Bild links: Bei Bergen (Oberbayern) ergibt sich dieser Blick in die Chiemgauer Berge, am Abend des 21. Juli 1990 obliegt es der Münchner 111 096 den D 1293 (München – Zagreb) im Abschnitt zwischen der bayerischen Landeshauptstadt und Jesenice zu bespannen. Am Aufnahmeort unweit Traunstein hat der Zug allerdings den größten Teil seines Laufweges noch zu absolvieren, in einer knappen halben Stunde wird er erst in Salzburg eintreffen.

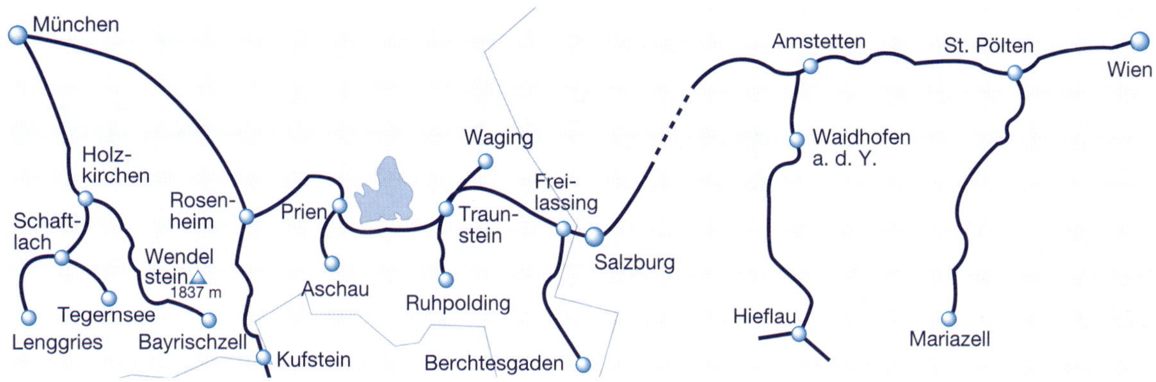

auch die Bindungen nach Österreich. Nicht zu unrecht sagte ein österreichischer Bundeskanzler einmal, er mache am liebsten Urlaub in Bayern. Denn dort sei er aus Österreich noch nicht ganz ausgereist, in Deutschland aber auch noch nicht ganz eingereist.

Beginnen wir also unsere Fahrt durch die Alpen am Münchener Hauptbahnhof. Moderne Reisezüge stellen die Verbindungen nach allen Richtungen her. Und der Fahrplan der Landeshauptstadt liest sich wie ein Reiseführer zu den schönsten Adressen einer Sommerfrische in den Bergen: Im bequemen EuroCity reist man in die Schweiz, nach St. Gallen und Zürich. Mit dem Regionalzug gelangt man ins Herz des Allgäu, nach Garmisch-Partenkirchen, nach Murnau oder in den berühmten Passionsspielort Oberammergau. Oberstdorf, Tegernsee, Lenggries, Miesbach, Bayrischzell, Berchtesgaden – Namen, deren Klang an klare Bergluft und an saftige Almwiesen, an Ski- und Rodelspaß, an unbeschwerte Urlaubstage erinnert. Steigen wir ein! Ziel unserer ersten Fahrt, die uns an der Nordseite der Alpen entlang führt, ist Wien, die Kapitale des ehemaligen Habsburgerreiches.

Schon kurz hinter der berühmten Hackerbrücke, die als eine der frühen Eisenkonstruktionen aus dem 19. Jahrhundert das Vorfeld des Hauptbahnhofes überspannt, trennen sich die Schienenstränge. Mitten in die traditionsreichsten Ferien- und Ausflugsgebiete führen die Eisenbahnen über Holzkirchen nach Bad Tölz, Lenggries, Tegernsee, Miesbach, Schliersee und Bayrischzell. Die Bayerischen Alpen, die Hausberge der Münchner, beliebte Gipfelziele wie etwa der Brauneck, die Benediktenwand, die Rotwand, ebenso wie das glasklare Wasser des Tegernsees, des Schliersees oder des Spitzingsees ziehen Jahr für Jahr Zehntausende aus Nah und Fern an.

Wir jedoch lassen die Bayerischen Alpen „rechts liegen" und folgen der Hauptstrecke in Richtung Salzburg. Heute dient die zweigleisige Magistrale von München über Grafing und Rosenheim dem internationalen Fernverkehr. Reise- und Güterzüge von und nach Österreich, Italien und Slowenien rollen in kurzen Abständen über die Schienen. Dabei nahm die Eisenbahn zum Zeitpunkt ihres Entstehens einen ganz anderen Weg: Die Königlich Bayerische Staatsbahn baute 1858 zunächst eine Verbindung von München über Holzkirchen, Aibling und Rosenheim zur österreichischen Grenze nach Kufstein. Dabei wurde bei Großhesselohe das tiefeingeschnittene Tal der Isar auf einer spektakulären, rund 165 Meter langen Eisenbrücke überquert; Schwierigkeiten bereitete den Bahnbauern damals auch das wildromantische Mangfalltal zwischen Holzkirchen und Aibling. Heizer und Lokführer der Dampflokomotiven mögen sich manchmal bis zur Grenze ihrer Leistungsfähigkeit auf dem Steigungsabschnit aus dem Mangfalltal heraus abgemüht haben. Erst als das zweite Gleis verlegt werden sollte, entschied sich die Bayerische Staatsbahn dazu, 1871 auf einfacherem Terrain eine zweite Linie nach Rosenheim zu bauen: die heutige Hauptstrecke über Grafing.

Abenteuerlich und beschwerlich war die Reise mit der Eisenbahn in Bayern damals. Einen Eindruck davon vermittelt ein Brief, den Theodor Fontane 1859 an seine Frau schrieb und in dem er Ratschläge für eine Fahrt von Neuruppin über Leipzig nach München gibt: „ ... in Hof hast Du Zeit, einen Teller Suppe zu essen; in Bamberg, wo man fast eine Stunde bleibt, ißt man zu Mittag und trinkt bairisch Bier, in Nürnberg bleibt man im Copée oder schlendert nur fünf Minuten auf und ab; in Augsburg hast Du Zeit, Thee oder ein Glas Grog zu trinken. Vor allem aber verschaff´ Dir einen Fußsack und derlei Dinge, denn man friert doch...“

In den klimatisierten Schnellzügen heutiger Tage ist von der Mühsal früherer Zeiten nichts mehr zu spüren. Auf unserer Reise nach Wien erreichen wir nach etwa 40 Minuten Rosenheim, das seit jeher als Knotenpunkt eine wichtige Bedeutung im südbayerischen Eisenbahnnetz hat. Dort treffen von Westen und Norden die Strecken aus Holzkirchen, München und Mühldorf zusammen. Auch ein Teil des innerösterreichischen Eisenbahnverkehrs zwischen Salzburg und Innsbruck nimmt den Weg über Rosenheim und spart sich somit den Umweg über Zell am See und Bischofshofen.

In Richtung Süden führt von Rosenheim aus die zweigleisige Hauptstrecke nach Innsbruck. Der Abschnitt Rosenheim – Kufstein wurde im Zuge der sogenannten Maximiliansbahn 1858 eröffnet. Im gleichen Jahr wurde auch deren Weiterführung nach Innsbruck, die sogenannte Nordtiroler Bahn, in Betrieb genommen. Damit erhielt Bayern die erste durchgehende Eisenbahnverbindung nach Österreich. Zur Linken das Kaisergebirge, zur Rechten der Wendelstein folgt die Bahn von Rosenheim aus in repektvollem Abstand dem Lauf des Inn. Der beliebte Ferienort Brannenburg ist Ausgangspunkt für geübte Bergsteiger und Gipfelstürmer, die den 1837 Meter hohen Wendelstein erklimmen wollen. Doch auch weniger Geübte kommen dank der bekannten Wendelsteinbahn auf ihre Kosten. Seit 1912 bringt die 7,6 Kilometer lange Zahnradbahn mit 1000 Millimeter Spurweite Ausflügler und Touristen auf den Gipfel, der als einer der schönsten Aussichtsberge Bayerns gilt. Bei entsprechender Wetterlage bietet sich ein großartiges Panorama der umliegenden Bergriesen in den Ostalpen.

Derlei hochgesteckte Ziele berühren uns auf der Eisenbahnreise nach Wien nur am Rande. Wir folgen der 1860 eröffneten Bahn von Rosenheim nach Salzburg und durchqueren – stets zum Greifen nahe die Berge – die liebliche Voralpenlandschaft des Chiemgaus. Bayern wie aus dem Bilderbuch: wohlgenährte Kühe stehen auf saftigen Wiesen; hinter sanftgewellten Hügeln grüßen die Zwiebeltürme stattlicher Barockkirchen; auf den glitzernden Wassern zahlloser Seen tummeln sich Segler und Surfer. Nicht umsonst hat der Märchenkönig Ludwig II. inmitten dieser Landschaft sein Schloß auf der Insel Herrenchiemsee errichten lassen.

Als Ausgangspunkt eines Ausflugs auf den Chiemsee bietet sich der Ort Prien an, wo bereits der zischelnde Dampfzug der Chiemseebahn am Bahnhof wartet. Seit über 110 Jahren bringt die Tramway-Lok von Krauss in München treu und brav ihre Fahrgäste an die Gestade des Bayerischen Meeres. Die 1887 eröffnete Meterspurbahn fährt noch heute mit der originalen Dampflok und ihren alten Wagen: Für Einheimische und Fremde gleichermaßen eine Attraktion wie aus einem Heimatroman von Ludwig Thoma.

Das Gebirgspanorama von Kampenwand, Hochplatte und Hochgern begleitet uns auf dem Weg nach Traunstein, wo die 1895 eröffnete Lokalbahn nach Ruhpolding beginnt. Ruhpolding hat sich mit seinen 55 Dörfern, Weilern und Einöden, hochkarätigen Kirchenbauten und zahlreichen Museen zu einem beliebten Luftkurort und Wintersportplatz entwickelt. Traunstein ist auch Ausgangspunkt der Nebenbahn ins sehenswerte Waging im sogenannten Rupertiwinkel.

Bald hinter Traunstein erscheinen rechts die Berchtesgadener Berge, darunter der Staufen, der Untersberg und ganz im Osten der Dachstein. Letzter Halt auf bayerischem Boden ist die Stadt Freilassing an der Saalach. Dort beginnt die eingleisige Nebenbahn über Bad Reichenhall nach Berchtesgaden; sie ist wegen ihrer landschaftlichen Schönheit beliebt bei den Fahrgästen und aufgrund eines extrem steilen Streckenabschnittes berüchtigt beim Lokpersonal.

Auf Wiedersehen in Bayern! Grüß Gott in Österreich! Die Landeshauptstadt Salzburg empfängt den Bahnreisenden aus München mit einem überwältigenden Panorama: Wenn der Zug langsam über die Salzachbrücke rollt, baut sich rechter Hand die Silhouette der Festspielstadt auf. Über der Altstadt mit ihren Kirchen und dem Dom, der fürsterzbischöflichen Residenz, dem Schloß Mirabell und all den anderen Kleinoden der Architektur thront erhaben die Festung Hohensalzburg. Der Reisende ist versucht, diesen herrlichen Blick auf Salzburg festzuhalten. Doch – der Gebrauch der Notbremse ist bekanntlich straftbar – schon fahren wir in den Hauptbahnhof ein.

Vor allem im Sommer ist Salzburg das Ziel zahlloser Touristen aus aller Welt. Jahr für Jahr finden sich die Freunde des Schauspiels ein, wenn über dem weiten Platz vor dem ehrwürdigen Dom der Ruf des „Jedermann“ erklingt. Scharenweise pilgern nicht nur eingefleischte Klassik-Liebhaber zum Haus in der Getreidegasse 9, wo an jenem 27. Januar 1756 der berühmteste Sohn der Stadt geboren wurde. Dort, in der engen Fußgängerzone mit ihren schmucken Bürgerhäusern wird dem Kult gehuldigt: Mozartbilder, Mozartbüsten, Mozertkugeln, Mozartschnitten – dazu etwas Baiser gefällig? Wolfgang Amadeus hat der Welt seine bezaubernde Musik geschenkt und Salzburg den nie versiegenden Quell aus dem Geschäft zwischen Kunst und Kitsch.

Bereits nach wenigen Minuten verlassen wir den Bahnhof wieder und eilen auf einer langen Steigung und in engen Kurven durch das liebliche Voralpenland nordwestlich von Salzburg. Immer wieder bieten sich herrliche Ausblicke auf die Hochgebigskette im Süden. Bald ist der Wallersee erreicht, dessen idyllische Lage nicht nur Künstler, Literaten und Schauspieler wie etwa Carl Zuckmayer, Ödön von Horváth oder Hans Albers anzog. Das Gleis folgt dem Nordufer des Sees und führt über Straßwalchen und Vöcklamarkt nach Attnang-Puchheim.

Die Eisenbahn von Salzburg über Linz zum Westbahnhof nach Wien ist in Österreich heute kurz als „Westbahn" bekannt. Während die Entstehung vieler deutscher Transitstrecken aufgrund der Kleinstaatlichkeit des 19. Jahrhunderts eher dem Zufall zu verdanken ist, wurde das Projekt der großen Magistrale Wien – Salzburg schon ab 1838 zielstrebig verfolgt. Doch erst am 31. Juli 1856 konnte bei Rekawinkel im Wienerwald der erste Spatenstich zur „Kaiserin-Elisabeth-Westbahn" getätigt werden. Rund vier Jahre später war die nach der Gattin von Kaiser Franz Joseph I. benannte Bahn durchgehend befahrbar. Der damit geschaffenen Verbindung zwischen den beiden Residenzstädten München und Wien wurde soviel Bedeutung begemessen, daß sich zu deren feierlicher Einweihung am 12. August 1860 sogar die beiden Monarchen Kaiser Franz Joseph von Österreich und König Maximilian von Bayern einfanden. Selbst Josef Strauß ließ es sich nicht nehmen, der Aufnahme des Bahnbetriebes die Polka „Gruß an München" zu widmen.

Wichtiger Schnittpunkt zwischen der Westbahn und den Strecken ins Hausruckgebirge nach Ried im Innkreis im Norden sowie der Salzkammergutbahn über Bad Ischl nach Stainach-Irdning im Süden ist der Knotenpunkt Attnang-Puchheim. Das Bahnbetriebswerk, in Österreich Zugförderungsleitung genannt, mit seiner Drehscheibe und dem großen Ringlokschuppen zeugt von der Bedeutung des Ortes für den Bahnbetrieb.

Markanter Punkt auf unserer Reise in die Donaumetropole Wien ist auch die Bezirkshauptstadt Wels, die bis auf römische Ursprünge zurückgeht. Doch von dem romantischen, mittelalterlichen Ort mit den beiden Burgen und dem Stadtplatz, der als einer der schönsten in Oberösterreich gilt, ist vom Zug aus wenig zu sehen.

Unübersehbar hingegen ist Linz an der Donau als drittgrößte Stadt Österreichs. Beethoven war hier mehrmals zu Gast, wenn er seinen Bruder, den Besitzer der Wasserapotheke am Hauptplatz besuchte. Johannes Kepler, der bekannte Astronom stammt aus Linz. Anton Bruckner weilte als Domorganist hier, und der Schriftsteller Adalbert Stifter war viele Jahre als Schulrat in Linz tätig. Sie alle mögen sich wohlgefühlt haben im Schatten der alten Bürgerhäuser mit ihren prachtvollen Fassaden, in den engen Gassen um das Rathaus oder am Hauptplatz, den Adolf Menzel einmal als schönsten Platz Europas bezeichnet hat.

Auch eisenbahntechnisch hat die Stadt manches zu bieten – so etwa die Bahn auf den Pöstlingberg, die 1898 eröffnet wurde und mit einer Steigung von stolzen 105 Promille zu den steilsten Bergbahnen der Welt zählt. Wohlgemerkt: als normale Eisenbahn ohne Hilfe von Zahnstangen oder Seilzügen. Starke Steigungen hat auch die Mühlkreisbahn zu bieten, die von Linz-Urfahr durch das bewaldete Mühlviertel bis an den Südrand des Böhmerwaldes nach Aigen-Schlägl führt. Zu den umfangreichen Bahnanlagen der Stadt gehören auch die Zugförderungsleitung und die Hauptwerkstätte, in der die Elektrolokomtiven der ÖBB gewartet werden sowie die geradezu unübersehbaren Werksbahnen der Vöst-Alpine AG, der führenden Firma in der Montan- und Maschinenbauindustrie Österreichs. Und überhaupt: In der Stadt an der Donau schlug mit der Eröffnung der Pferde-Eisenbahn von Linz nach Budweis 1832 die Geburtsstunde der Eisenbahn auf dem europäischen Festland.

Noch trennen uns rund 190 Kilometer von unserem Ziel Wien. Traditionsreiche Orte wie Enns und Ybbs an der Donau säumen unseren Weg. Mit der Enns überqueren wir auch die Grenze von Ober- nach Niederösterreich. Und schon kommt eines der prachtvollsten Beispiele barocker Baukunst in Österreich in Sicht: Auf einem 57 Meter hohen Felsen erhebt sich über der Donau das Stift Melk, dessen Architektur Weltgeltung besitzt. Weithin leuchten die beiden Türme der Kirche und die dazwischen liegende Kuppel ins Tal der Donau hinein. Ein perfektes Zusammenspiel von Bauwerk und Landschaft. Vom Zug aus beeindruckt vor allem die rund 320 Meter lange Fassade des Gebäudekomplexes.

Das Auge möchte verweilen, doch der Fahrplan drängt. In St. Pölten, einem der meistbefahrenen Bahnhöfe Österreichs, treffen wir auf die bekannte „Mariazellerbahn". Die rund 85 Kilometer lange Schmalspurbahn mit 760 Millimetern Spurweite stellt als Gebirgsbahn die Verbindung in den Wallfahrtsort Mariazell her. Da der Verkehr auf der 1898 eröffneten Bahn von Anfang an alle Erwartungen übertraf, wurde die Linie bereits 1911 elektrifiziert.

Die elektrische Zugförderung spielt in Österreich allenthalben eine wichtige Rolle. Die Westbahn wurde als eine der wichtigsten Linien ab 1940 Stück für Stück elektrifiziert. Damit war auch die glanzvolle Ära der Schlepptender-Dampflokomotiven der Baureihe 214 beendet. Die mächtigen Maschinen mit der Achsfolge 1D2 stammten aus den Floridsdorfer Lokomotivwerken in Wien und besorgten lange Zeit den schweren Schnellzugdienst auf der Westbahn. Ihre ausgereifte Konstruktion und ihre außergewöhnliche Leistung sorgten zur Zeit ihrer Anlieferung für weltweites Aufsehen in der Fachwelt.

Bald hinter Neulengbach beginnt die sogenannte Wienerwald-Westrampe, die in langen Windungen zum höchsten Punkt der Westbahn in Niederösterreich bei Rekawinkel ansteigt. Der Wienerwald gilt als nordöstlichster Ausläufer der Alpen, dessen bewaldete Kuppen bis zu 893 Meter Höhe erreichen. Vor den Toren der Weltstadt konnte sich der Wienerwald seine Unberührtheit weitgehend bewahren und gilt als beliebtes Naherholungsgebiet für die Wiener Bevölkerung.

Die Donaumetropole kommt näher. Nachdem wir bei Rekawinkel in einer Meereshöhe von 361 Metern den Brechpunkt des Wienerwaldes überschritten haben, senkt sich die Bahn ins Wiener Becken hinab. Purkersdorf, Hütteldorf, Penzing: Endlich erreichen wir die Stadtgrenze Wiens. Bei der Fahrt durch die Vororte zeigten sich für einen Augenblick in der Ferne das Schloß Schönbrunn und das Technische Museum. Bald darauf kommt unser Zug aus München nach seiner rund 470 Kilometer langen Fahrt entlang der Nordseite der Alpen im Wiener Westbahnhof zum Stehen. Schon lockt der aromatische Geruch der Kaffeehäuser uns Bahnfahrende zum Verweilen. Und des Abends versinken wir in den weinseeligen Heurigenstuben und spülen mit ein paar „Vierterln" den Staub einer langen Reise aus den Kehlen.

Auf dem Weg in die Alpen

Als Dienstzug für Sonderzwecke 27011 befuhr am 3. November 1991 der 410 071/410 571 die Strecke von München nach Kufstein in Tirol. ICE-Triebzüge verkehren lediglich außerplanmäßig auf der Strecke München – Rosenheim, ab dem Sommerfahrplan 1998 haben die ÖBB eine Tagesrandverbindung von Wien nach Innsbruck und zurück mit ICE.1 eingerichtet. Am Aufnahmeort zwischen den Bahnhöfen Ostermünchen und Großkarolienenfeld bleiben die Hochgeschwindigkeitszüge der Deutschen Bahn dennoch weiterhin die Ausnahme.

Die thyristorgesteuerten Lokomotiven der Baureihe 1044 der ÖBB können ohne Zweifel trotz anfänglich aufgetretener Probleme im Bereich der Lüfter und Radreifen als gelungene Konstruktion bezeichnet werden. Diese Maschinen verkehren vor allen Zuggattungen und werden daher auch vor Güterzügen eingesetzt. Die 1044 230 von der Zugförderungsleitung Innsbruck bringt am 12. Oktober 1994 einen Durchgangsgüterzug vom Bahnhof Brenner nach München und passiert kurz nach Oberaudorf das Kloster Raisach, im Hintergrund erhebt sich das Kaisergebirge.

In der olympiablauen Farbgebung verkehrte am Neujahrstag des Jahres 1984 der Gläserne Zug 491 001 als Dt 17525 von München nach Salzburg. Dieses im Jahre 1935 bei der Heidelberger Maschinenfabrik Fuchs gefertigte Fahrzeug war nicht nur bei den Reisenden sehr beliebt, sondern auch bei den ihn betreuenden Eisenbahnern. Den ungestörten Ausblick auf die im Morgenlicht ruhenden Schlierseer Berge mit dem Wendelstein zeigt sich an der Blockstelle Hilperting bei Ostermünchen.

Bild oben: Alljährlich im Februar finden die Winterdampfzugfahrten auf der Tegernseebahn AG (TAG) statt. Am Abend des 19. Februar 1984 erhält die TAG 7 als Besonderheit noch Vorspann der TAG-V 65, bei Moosrain eilen sie nun gemeinsam dem Tegernsee entgegen.

Bild links: Nur an Wochenenden zum Ausflugsverkehr wird der Fahrplan auf den Strecken des bayerischen Oberlandes zwischen Holzkirchen und Fischhausen-Neuhaus sowie nach Lenggries verdichtet. Daher pendeln zusätzliche Mühldorfer 628 und bieten zusammen mit den lokbespannten Durchläufern nach München eine Alternative zum ausufernden Autoverkehr. Am schneereichen 14. Januar 1995 verkehrt der 628 579 zwischen Holzkirchen und Lenggries, der Zug erreicht in Kürze den Bahnhof Schaftlach.

Nach Tegernsee und Bayrischzell

Auf ihrem Weg von München nach Bayrischzell hat die Doppeleinheit VT 107/VT 104 der Bayerischen Oberland Bahn (BOB) den Schliersee bereits umrundet. Sie fahren als SE 16107 in den mittlerweile zu einem Haltepunkt degradierten „Bahnhof" Fischhausen-Neuhaus ein. Zum Zeitpunkt der Aufnahme am 6. Januar 1999 sind die von der Integral Verkehrstechnik AG in Jenbach gelieferten Triebwagen erst seit wenigen Wochen im Einsatz. (OE)

Bild oben: Unter dem Stichwort „Der Schöne Tag“ fanden Mitte der achtziger Jahre ausgehend vom Nürnberger Hauptbahnhof zahlreiche Tagesfahrten mit Triebwagen der Baureihe 614 statt. Zielpunkte waren unter anderem die Orte Garmisch-Partenkirchen und Bayrischzell. Bei Osterhofen ist das Tagesziel am Fuße des Wendelsteins unmittelbar erreicht, den fränkischen Ausflüglern bietet sich am 9. August 1986 ein makelloser sonniger Sommertag in den bayerischen Alpen.

Bild rechts: Auch auf der Strecke nach Bayrischzell setzt die DB AG an Wochenenden zur Angebotsverdichtung zusätzliche Triebwagen der Baureihe 628.4 ein (siehe auch Seite 14 unten). Am Abend des 15. August 1994 verläßt einer dieser Verstärkungszüge als N 6272 die Ortschaft Schliersee in Richtung Holzkirchen. Dort besteht Anschlußmöglichkeit mit der S2 in Richtung Petershausen über München-Ost oder mit einem der Lenggrieser Eilzüge direkt nach München Hbf. (TW)

Auf den Wendelstein

Bild links: Seit dem Jahr 1912 führt von Brannenburg im Inntal aus die Wendelsteinbahn auf den 1837 Meter hohen gleichnamigen Berg. Die Fahrzeuge waren bis zu ihrer Ausmusterung im Jahre 1991 nahezu unverändert im Einsatz, sicherlich ein Indiz sowohl für die robuste Konstruktion als auch eine aufmerksame Pflege. Der 1. November 1987 bot den Fahrgästen allerdings wenig Grund zur Freude, herrschte auch kurz vor dem Erreichen des Gipfels noch immer dichter Nebel und verschloß somit den phantastischen Ausblick in die Bergwelt.

Bild rechts: Exakt elf Monate später erstrahlte der Gipfel des Wendelsteins im Sonnenschein, der kleine Zug machte sich an diesem Tag bereits wieder auf den Rückweg hinab zur Talstation. Zuvor wird er noch an der Zwischenstation, der Mitteralm, einen kurzen Aufenthalt einlegen. Der lange Steindamm, die „hohe Mauer“, zeugt von den gewaltigen Anstrengungen des Bahnbaues, aber auch vom Einsatz natürlicher Baustoffe.

WENDELSTEIN
WENDELSTEIN

Magistrale Rosenheim – Salzburg

Die nächsten beiden Aufnahmen zeigen die Gegenüberstellung des identischen Fotopunktes im Wandel der Jahreszeiten unweit des Ortes Axdorf:

Der D 291 „Akropolis" (München – Athen) zählte zwischen München und dem jugoslawischen Grenzbahnhof Jesenice zu den Stammleistungen der Baureihe 111. Seit Beginn der Balkankrise verkehrt dieser internationale Schnellzug jedoch nicht mehr. Vom Einzug des bevorstehenden Winters ist allerdings angesichts der angenehmen Temperaturen am 1. November 1984 noch nichts zu spüren.

Lediglich am Nachmittag des 8. Dezember 1990 zogen hohe, dünne Schleierwolken durch den Chiemgau. Sicherlich keinerlei Notiz davon nimmt der Lokführer einer Kornwestheimer 150, die einen Güterzug des kombinierten Ladungsverkehrs nach Salzburg bringt.

Die verschneite Berglandschaft zeigt sich aufgrund der deutlichen Minusgrade nahezu unberührt.

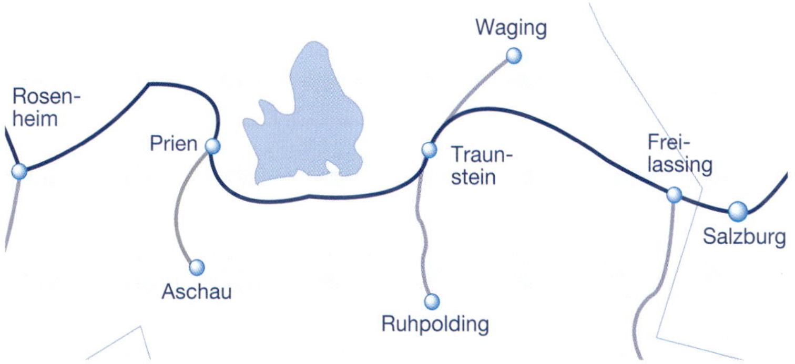

Frühlingsstimmung unterhalb der Chiemgauer Alpen; während sich die Apfelblüte im Tal von ihrer schönsten Seite zeigt, tragen Hochfelln und Hochgern noch Schneereste des vergangenen Winters. Ungeachtet dessen befördert eine Lokomotive der Reihe 1044 den EuroCity 65 „Mozart“ (Paris – Wien) durch die Landschaft bei Bergen (Obb) Zum Aufnahmezeitpunkt am 2. Mai 1988 präsentieren sich bereits die ersten Wagen in neuer verkehrsroter ÖBB-Farbgebung.

Diese Aufnahme des InterRegio 2095 (Karlsruhe – Salzburg) läßt sich heute nur noch bei Defekt des Steuerwagens wiederholen, planmäßig werden diese Züge nach Salzburg mit Steuerwagen an der Zugspitze ab München geschoben.

Zwischen den Bahnhöfen Bergen und Traunstein ist am 12. Oktober 1995 die 120 117 führendes Triebfahrzeug. Der Nebel löst sich an diesem Vormittag nur zögernd auf.

Im Chiemgau

„Vom Winter keine Spur“, so könnte diese Aufnahme der Münchener 111 214 mit E 3506 (Salzburg – München) am 16. Januar 1988 umschrieben sein. Zu den Einsatzgebieten der 160 Stundenkilometer schnellen Lokomotiven gehört unter anderem die Strecke nach Salzburg. Hier werden zumeist die Eil-, in Ausnahmefällen aber auch IC-Züge bespannt. Im Gegenlicht zeichnen sich die Chiemgauer Berge zwischen Bernau und Prien am Chiemsee besonders gut ab.

Aus einer Doppeleinheit der ehemaligen TEE-Züge bestand am 8. Juli 1984 der Urlaubsexpreß Dt 13416/13486. Samstags verkehrten diese Züge zwischen Ruhpolding/Berchtesgaden und Dortmund/Hamburg, wobei große Abschnitte der Fahrt in Doppelbespannung zurückgelegt wurden. Bei Prien am Chiemsee bietet sich den heimfahrenden Reisenden Gelegenheit zu letzten Blicken auf die Chiemgauer Berge.

Zur Steigerung der Attraktivität der Stichstrecke von Prien nach Aschau wurden im AW Kassel einige Schienenbusse modernisiert, der Fahrplan ab dem Sommerabschnitt 1987 neu gestaltet sowie eine abendliche Kulturfahrt nach Rosenheim und zurück angeboten. Zwischen Prien und Bad Endorf befindet sich der Steuerwagen 998 896 und der Triebwagen 798 653 als N 4546 am 29. Juni 1987 auf dem Weg nach Rosenheim.

Nur wenige Monate zuvor, am 5. Oktober 1986, war noch eine rote Schienenbusgarnitur auf der nur zehn Kilometer langen „Chiemgaubahn“ eingesetzt. Am vorletzten Haltepunkt Umratshausen Ort, werden 998 883 und 798 781 als N 6520 sogleich den Abfahrtsauftrag des Zugführers erhalten und nach Aschau am Fuße der Kampenwand abfahren.

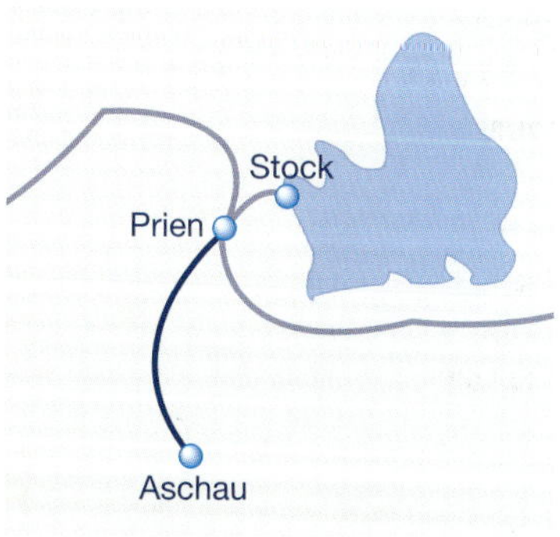

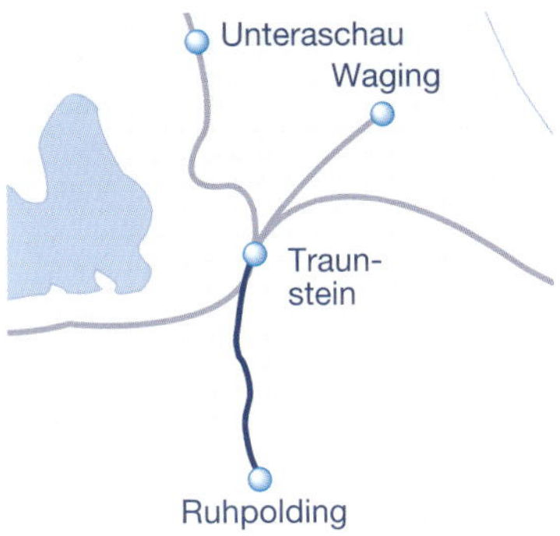

Zu den mit Wendezugsteuerung ausgerüsteten Loks der Baureihe 144 des Bw Rosenheim zählte die 144 185. Auf dem Bild schiebt sie am 16. September 1981 in der Nähe des Ferienortes Eisenärzt den N 6547 von Ruhpolding nach Traunstein. Die Bahnlinie folgt in ihrer Gesamtlänge dem Lauf der weißen Traun.

Als Sonderzug brachte am 12. Mai 1991 der Triebzug 601 014/019 Urlauber von Hamm in Westfalen nach Ruhpolding. Auf der Rückfahrt nach München-Ost zum Übernachten und Betanken befindet sich die Leergarnitur auf dem Weg nach Traunstein, es grüßt die imposante Ortskirche von Siegsdorf.

Als einen „schneereichen“ Wintertag bezeichnen konnte man sicherlich den 23. Januar 1994, spärlich liegt die so beliebte weiße Pracht zwischen den Bahnhöfen Teisendorf und Traunstein auf Höhe der Ortschaft Rückstetten. Hoffentlich bessere Schneeverhältnisse finden die Urlauber des IC 564 „Alemannia“ (Wien – Bregenz) in den Skigebieten des Arlberggebietes vor, den die 1044 200 dorthin bringt.

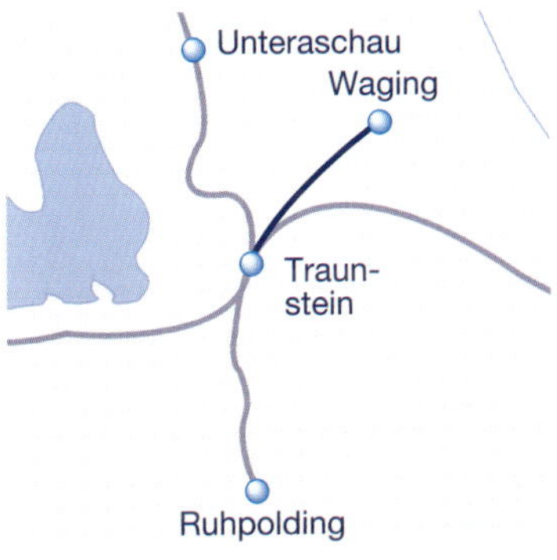

Ebenfalls am 23. Januar 1994 hat soeben einer der im Volksmund auch liebevoll „Ferkeltaxi“ genannten Schienenbusse der Baureihe 798 als N 6380 (Waging am See – Traunstein) den idyllisch am Waldrand gelegenen Haltepunkt Kirchhalling verlassen. Mit nun weithin hörbarem und typischem Knattern macht er sich in Richtung Weibhausen auf den Weg. Über den Chiemgauer Bergen bilden sich Föhnlinsen.

Berchtesgadener Land

Kaum eine andere Gegend ist für das Bild Bayerns in der Welt so prägend wie das Berchtesgadener Land, vereinigt sich doch gerade hier landschaftliche Schönheit mit vielen anderen touristischen Attraktionen, wie beispielsweise dem Salzbergwerk Berchtesgaden. Daß die Bahn dazu beitragen könnte, diese landschaftliche Schönheit zu erhalten, ist jedoch erst in den letzten Jahren mehr in das Bewußtsein der Verantwortlichen gerückt, so daß heute zumindest ein attraktiver Stundentakt zwischen Berchtesgaden und Salzburg besteht. Bei Winkl befindet sich am 9. Dezember 1998 die 139 135 mit der RB 97214 auf ihrem Weg nach Salzburg, als sie den im Volksmund „Schlafende Hexe" genannten Teil des Lattengebirges passiert. (OE)

Einziges planmäßiges Einsatzgebiet der Freilassinger Lokomotiven der Baureihe 144.5 sind im Winterfahrplan 1980/81 die vom Stationierungsort ausgehenden Strecken in die benachbarte Mozartstadt Salzburg und nach Berchtesgaden. Am Silvestermorgen 1980 bringt die 144 504 einen Leerzug wieder zurück nach Freilassing und befindet sich auf der Fahrt zwischen den Bahnhöfen Bischofswiesen und Hallthurm. Dort muß, bevor das Steilstück talseitig nach Bad Reichenhall befahren werden darf, nochmals eine Bremsprobe durchgeführt werden.

Mit Karlsruher Stadtbahnwagen fanden unter Regie der Salzburger Verkehrsbetriebe und dem Fahrgastverband PRO BAHN Anfang Juni 1996 Informationsfahrten in Salzburg und Oberbayern statt. Eine führte die beiden Wagen 811 und 809 am Nachmittag des 5. Juni von Salzburg nach Bad Reichenhall. Rechtzeitig vor dem sich über dem Predigtstuhl bildenden Gewitter tritt der Zug als DzT 19016 die „Heimreise" nach Salzburg an.

Großes Bild Seite 32/33: Seit gut einem Jahr befördern Lokomotiven der Baureihe 101 die beiden einzigen IC-Leistungen nach Berchtesgaden. Am 9. Dezember 1998 hat bei Winkl die Reise der 101 038 mit ihrem auf diesem Streckenast als RegionalBahn verkehrenden IC 522 „Berchtesgadener Land“ (Berchtesgaden – Hamburg) gerade erst begonnen. (OE)

Ohne Verspätung durchfährt der InterRegio 2199 (Karlsruhe – Salzburg) den Streckenabschnitt von Rosenheim zum überregional bekannten Kurort Bad Endorf. Zwischen München und Salzburg wurden im Sommerfahrplan 1995 einige dieser IR-Züge von den formschönen Loks der Baureihe 113 bespannt, leider aber waren immer wieder ersatzweise, wie hier am 17. September 1995, die bei Eisenbahnfotografen weniger geschätzten Lokomotiven der Baureihe 111 anzutreffen.

Während in den Niederungen des bayerischen Alpenvorlandes bei Traunstein-Haslach bereits die Schneeschmelze abgeschlossen ist, finden die Anhänger des Skisportes in den Bergen noch ausreichende Schneehöhen um ihren Vergnügungen nachgehen zu können. Ziel des Saisonzuges DZ 13681, bespannt mit der Kölner 110 126, ist am Morgen des 5. März 1994 der Bahnhof von Bad Gastein inmitten des Nationalparkes Hohe Tauern.

Bild links: Ankunft in Österreich. Noch in seiner alten blau-beigen Farbgebung lackiert steht am frühen Morgen des 16. Juli 1995 die Triebwagengarnitur mit dem 4010 010 an der Spitze im gerade erwachenden Salzburger Hauptbahnhof. Nach einer Bereitstellungszeit wird der Triebwagen seine Fahrt dann als IC 713 „Karl Böhm“ nach Graz über Bischofshofen, Selzthal und Bruck an der Mur antreten.

Hinein nach Österreich

Unsere Reise macht einen Sprung nach Niederösterreich. Zwischen 1950 und 1953 wurden sechzehn Lokomotiven der Baureihe 1040 von den ÖBB beschafft. Sie wurde auf der Grundlage der Baureihe 1245 konstruiert, jedoch mit deutlich höherer Leistung ausgestattet. Am 7. Juli 1982 hat die 1040.11 wenig Mühe, die aus sieben Leerwagen bestehende Übergabe 80036 von Waidhofen an der Ybbs nach Oberland zu bringen. (MH)

Die auf der schmalspurigen Mariazeller Bahn eingesetzten fünfzehn Lokomotiven der Reihe 1099 stammen aus der Zeit zwischen 1909 und 1914. Sie werden auch heute noch auf der technisch und landschaftlich interessanten Bahnlinie von Mariazell nach St. Pölten eingesetzt. Am 9. Juli 1982 konnte die 1099.06 mit dem Personenzug 6805 zwischen Wienerbruck und Erlaufklause fotografiert werden. (MH)

„Bei einem Loch hinein, beim andern hinaus“: Österreichs Alpenbahnen zwischen Semmering und Brenner

Wien war als Sitz eines perfekten Verwaltungs- und Behördenapparates die treibende Kraft zur Erschließung der Alpen durch die Eisenbahn zu Zeiten der kaiserlich und königlichen Monarchie. Früher als in den meisten Staaten Europas wurde in Österreich der Bau von Fernbahnen diskutiert. Schienen sollten den gewaltigen Vielvölkerstaat zusammenschmieden und Österreich den Anschluß an das Industriezeitalter garantieren.

So verwundert es auch nicht, daß mit der Eisenbahn über den Semmering Europas erste Gebirgsbahn entstand. Schon 1830 tauchten Pläne auf, die eine Eisenbahn von Wien nach Triest vorsahen, das zu einem der bedeutendsten Häfen an der Adria aufgestiegen war. Der topographisch einfachere Weg über Ungarn war bei diesem Teilstück der neuen Verbindung „zwischen der Adria und der Nordsee“ nicht vorgesehen. Eine Bahn über Graz und den Semmeringpaß sollte zum einen die Steiermark wirtschaftlich stärken; zum anderen bevorzugten die Politiker aus militärstrategischen Gründen eine Trasse über ausschließlich österreichisches Gebiet.

Bild links: Seit 1969 wird die Südrampe der „Tauernbahn“ abschnittsweise modernisiert und zweigleisig ausgebaut. An vielen Stellen wurden der Streckenverlauf begradigt und die alten Viadukte aufgelassen. Von der alten Trasse bietet sich dem Wanderer ein imposanter Blick auf die neue Falkensteinbrücke und die Burg Niederfalkenstein. Am 7. Juli 1984 zieht eine 111 den nur samstags verkehrenden „Kärnten-Express“ (Klagenfurt – Hamburg) nordwärts Richtung Mallnitz. (TW)

Dabei wurde der Semmering zum zentralen Problem der Planung. Die Gleise vom niederösterreichischen Gloggnitz auf den Gebirgspaß hinaufführen und den Abstieg nach Mürzzuschlag in der Steiermark bewältigen – damit stand und fiel das Unternehmen. Doch das Ergebnis einer ersten Untersuchung war bezüglich des Semmerings nicht ermutigend: Der Alpenübergang erschien den Technikern mit herkömmlichen Lokomotiven nicht zu überwinden. Ihrer Meinung nach würde die Reibung zwischen den Rädern und den Schienen nicht ausreichen; die Lokomotiven und Wagen würden „abgleiten und herabstürzen“. Man schlug vor, die Gleise von Wien ohne nennenswerte Steigung bis dicht an den Berg heranzuführen und die anschließende Steilstrecke über den Paß nach Mürzzuschlag als Pferdebahn oder als Seilbahn auszuführen.

Zu dieser Zeit trat ein Mann auf die Bühne der Geschichte, der den Bau der Eisenbahnen in den Alpen entscheidend beeinflussen sollte: Karl von Ghega. Der gebürtige Venezianer hatte an der Universität von Padua zum Doktor der Mathematik promoviert und war bereits Mitglied im Planungsteam der ersten Österreichischen Eisenbahn gewesen. Um den Betrieb auf Bergstrecken zu studieren, unternahm Ghega unter anderem Reisen nach England und Nordamerika. Die dabei gewonnenen Erfahrungen prägten seine Baugrundsätze, die später bei allen großen Alpenbahnen angewendet wurden: Seitentäler mit Steigungen bis 25 Promille ausfahren und dadurch an Höhe gewinnen. Abkürzende Sondersysteme wie Spitzkehren oder Seilbetrieb lehnte Ghega ab. Obwohl zu dieser Zeit noch keine geeigneten Lokomotiven für solche Bahnen zur Verfügung standen, begann 1848 der Bau der „Semmeringbahn“.

Sechs Jahre lang belagerte das Heer der Bauarbeiter den Semmering; eine Baustelle, die das Kaiserreich bis dahin nicht gesehen hatte. Bis zu 10 000 Arbeiter waren gleichzeitig beschäftigt. Gespanne mit Bauholz, Steinen und Ziegeln quälten sich hinauf zur Trasse. Fels wurde gesprengt, Dämme aufgeschüttet, Einschnitte gegraben. Allein auf den 42 Kilometern zwischen den Stationen Mürzzuschlag und Gloggnitz entstanden 15 Tunnels mit einer Gesamtlänge von 4,5 Kilometern. Die gewaltigen Brücken, wie etwa der Viadukt über die Kalte Rinne, wurden wie Möbelstücke in ihre Umgebung hineinkomponiert und erinnerten an römische Aqädukte. Fassaden, Kapitelle, Tunnelportale – jedes Baudetail arbeiteten die Planer sorgsam aus.

Ferdinand von Saar beschrieb in seiner Novelle „Die Steinklopfer" das trübselige Leben an den Baustellen der Semmeringbahn: „‚Aber merk dir`s, du', fügte der Aufseher mit einer drohenden Handbewegung bei, ‚wenn du nicht täglich deine zwei Fuhren Schotter zuwege bringst, jag´ ich dich fort! Hier ist kein Spital.'" Bis die letzte Schwelle verlegt war, starben nicht weniger als 1048 Arbeiter bei Unfällen oder an Cholera und Typhus.

Am Ende aber behielt Karl von Ghega Recht. Ein Lokomotiv-Wettbewerb, bei dem die „Bavaria" aus dem Hause Maffei in München als Siegerin hervorging, bestätigte, daß auch das Gebirge durch die Eisenbahn bezwungen werden konnte.

Wie fremd die Eisenbahn den Menschen in den bis dahin unberührten Gegenden am Semmering erschien, ist in der Erzählung „Als ich das erstemal auf dem Dampfwagen saß" von Peter Rosegger festgehalten: „Und als wir dann abwärts stiegen, da sahen wir drüben in den wilden Schroffwänden unseren Eisenbahnzug gehen – klein wie eine Raupe – und über hohe Brücken, fürchterliche Abgründe setzen, an schwindelnden Hängen gleiten, bei einem Loch hinein, beim andern hinaus – ganz verwunderlich."

Die Eröffnung der „Semmeringbahn" 1854 war der Startschuß für den Bau weiterer Alpenbahnen und zugleich auch der Beginn der touristischen Erschließung eines bis dahin unbetretenen Terrains. Die Sommerfrische in den Bergen und der Winterurlaub im Schnee kamen plötzlich in Mode. Die Eisenbahn hatte die Voraussetzungen dafür geschaffen. Die Industrialisierung schritt voran; die Metropolen wuchsen, und die Seelen geplagter Großstädter verlangten schon damals nach Panoramablicken, nach klarer Bergluft, nach Erholung und landschaftlichen Reizen. Die Landschaft, die den Technikern so lange Kopfzerbrechen bereitet hatte, erhielt plötzlich eine neue Funktion. Sie war nicht mehr unliebsames Hindernis, sondern Ziel für Ausflügler und Urlauber. Die Gegend am Semmering war aufgrund ihrer Nähe zu Wien wie geschaffen für Vergnügung und Erholung.

Das Gebiet zwischen Rax, Schneeberg und Semmering wurde zum Tummelplatz für Adelige und Reiche aus allen Teilen der Monarchie. Kaiser Franz Josef lobte die „kräuterdurchwürzte Luft" im Reichenauer Tal, Kronprinz Rudolf zeigte sich in Tracht und Lederhose – das Habsburgerhaus wurde zum wirksamsten Werbeträger für den Aufenthalt in der Provinz. Bald entstanden Palasthotels und Nobelherbergen, Villen und Wochenendhäuser. Über Jahrzehnte hinweg gaben sich in den Grandhotels am Semmering Prominente und Künstler, Literaten, Adelige und Neureiche die Klinke in die Hand. Mit dem fortschreitenden Bau der Eisenbahn fand die Masse der Erholungssuchenden schließlich auch in die entlegensten Winkel der Berge.

Bald erkannte auch Tirol seine mögliche Bedeutung als Durchgangsland für den Verkehr zwischen Deutschland und Italien. Private Pläne zur Überquerung des Brenners waren aber nicht so recht nach dem Geschmack der Politiker im fernen Wien. Und als die Konkurrenz der Schweizer Transitwege drohte, nahm die Regierung eine Bahn von Kufstein über Innsbruck, Bozen und Trient nach Verona in ihr Bauprogramm auf. Staatsverträge sicherten die Anschlüsse nach Bayern. Endlich wurde von Norden und von Süden her mit den Arbeiten begonnen.

Die Strecke über den Brenner wurde von dem Württemberger Karl von Etzel entworfen, der auf seine Erfahrungen beim Straßenbau durch das Erstellen der neuen Weinsteige in Stuttgart zurückgreifen konnte. Etzel bewies eine glückliche Hand bei der Wahl der Trasse, die sich weitgehend der vorgefundenen Naturlandschaft anpaßte und ohne große Kunstbauten auskam. Die „Nordtiroler Staatsbahn" Kufstein – Wörgl – Innsbruck wurde 1858 dem Betrieb übergeben; ein Jahr später folgte Verona – Bozen als „Südtiroler Staatsbahn". Die offizielle Einweihung der durchgehenden Brennerbahn fand am 24. August 1867 statt. Die uralte Handelsstraße über den Brenner hatte – zumindest vorerst – ausgedient. Schon einige Jahre später, 1876, schrieb der Reiseschriftsteller Heinrich Noé von der Einsamkeit in den Orten an der Brennerstraße, seit „das Locomotiv durch die schwarzen Erdlöcher der Tunnels" pfeife.

1866 schied Österreich aus dem Deutschen Bund aus. Somit bestand für die Züge von Innsbruck nach Wien, die ja den Weg über das bayerische Rosenheim nehmen mußten, keine inländische Bahnverbindung mehr mit der Hauptstadt. Erst der Bau der Pustertalbahn, die über Villach den Anschluß zur „Semmeringbahn" herstellte, konnte diesen Mangel beheben. Innerhalb von nur 26 Monaten wurde die rund 209 Kilometer lange Verbindung von Villach durch schwierigstes Terrain über Lienz, Toblach und Bruneck nach Franzensfeste an der „Brennerbahn" gebaut. Die Eröffnung fand im November 1871 statt. Besondere Bedeutung erlangte die „Pustertalbahn" im Ersten Weltkrieg, als sie neben der Brennerstrecke zur wichtigsten militärischen Verbindungslinie wurde. Vor allem der Nachschub für den Raum der östlichen Dolomiten rollte über die „Pustertalbahn". Noch heute zeugen die erhalten gebliebenen Verladerampen und Reste der großzügigen Gleisanlagen vom einstigen strategischen Wert dieser Strecke.

Schon 1842 war in Wien eine leitende Behörde eingerichtet worden, die den Bau der Eisenbahnen in Österreich koordinierte. Denn die gewaltigen technischen Probleme schienen allein von Privatfirmen und mit Privatkapital nicht zu bewerkstelligen. Damit hatte das Land nach Jahren des Taktierens zu einer entschlossenen Eisenbahnpolitik gefunden. Und der Erfolg gab diesem Konzept Recht: 1854 verfügte Österreich über das größte Staatsbahnnetz Europas mit 1766 Kilometern Länge.

Die führenden Techniker dieser Zeit sind bis heute unvergessen: Der bereits erwähnte Karl von Ghega, der für seine Verdienste beim Bau der „Semmeringbahn" geadelt wurde. Oder Alois

Negrelli, der durch seine Verkehrsplanungen nicht nur in Österreich, sondern auch in Italien und in der Schweiz bekannt wurde. Negrelli war es übrigens auch, der später die Pläne zum Bau des Suezkanales ausarbeitete.

Die Semmeringbahn war soeben fertiggestellt, da kam es 1854 zur Wende in der österreichischen Eisenbahnpoltik. Noch waren nicht alle Staatsbahnen vollendet, da entschloß sich der Staat zur Neuausstellung von Konzessionen an private Firmen und zum Verkauf des größten Teiles seiner Bahnen. Die wahren Gründe für diesen Sinneswandel bei den Politikern wurden nie enthüllt. Die Nachwirkungen der Revolution 1848, die Schwierigkeiten in Ungarn, die habsburgische Balkanpolitik, die Krisen im Geldwesen – das alles steht sicherlich im Zusammenhang damit. Auch der voll ausgebrochene Gegensatz zwischen Preußen und Österreich, der 1866 zum Bruderkrieg führte, warf seine Schatten auf die Eisenbahnpolitik. Schon lange unterhielt Habsburg gute Verbindungen zu Frankreich. Napoleon III., ebenfalls ein Gegner der Preußen, hatte Interesse daran, auf die Eisenbahn in Österreich Einfluß auszuüben, war sie doch von größter strategischer Bedeutung. So verwundert es nicht, daß die erste große Eisenbahngesellschaft dieser Zeit unter der Führung französischen Kapitals gegründet wurde.

Am Ende waren nahezu alle Staatsbahnen verkauft. Und nicht nur das: Der Staat hatte sich nicht einmal den vollen Anlagewert seiner Bahnen erstatten lassen und hatte darüber hinaus auch noch eine Zinsgarantie, in manchen Fällen sogar eine Ertragsgarantie für die verschleuderten Strecken abgegeben. Die neuen Bahnverwaltungen, die dadurch von jeglicher Sorge um ihren wirtschaftlichen Erfolg entbunden waren, konnten zu großzügigen Neubauprojekten übergehen. In den folgenden Jahren erlebte das österreichische Eisenbahnnetz seine größte Erweiterung.

So wurde beispielsweise die „k.k. priv. Kronprinz-Rudolf-Bahn" als dritte Alpenquerung geplant. Sie war als Fortführung der Strecke Budweis – Linz und als Verbindung zwischen Südböhmen und der Adria gedacht. Doch ihre Linienführung von St. Valentin an der Westbahn über das Enns tal ins Murtal, über Hieflau, Selzthal und St. Michael, über den Neuenmarkter Sattel nach Villach und weiter über Tarvis nach Süden konnte nie die Bedeutung der anderen Transversalen erreichen. Bald wurde die Linie durch einen weiteren Anschluß an die Westbahn von Klein-Reifling nach Amstetten ergänzt. Die Bauarbeiten schritten rasch voran, und schon am 20. August 1872 war die Hauptstrecke von St. Valentin bis Villach durchgehend befahrbar. Die Strecke St. Michael – Leoben nahm am 1868 den Betrieb auf, nachdem wenige Monate zuvor die Südbahn den Anschluß nach Leoben hergestellt hatte. Hinzu kamen eine neue Bahn von Tarvis nach Laibach und von Tarvis zur damaligen italienischen Grenze bei Pontafel. Wirtschaftlich besonders interessant und wichtig war die Trasse von Hieflau nach Eisenerz. Zusammen mit der Lokalbahn Eisenerz – Vordernberg und der privaten Leoben-Vordernberger-Bahn war nun das begehrte steirische Eisenerz von beiden Seiten her zugänglich. In der kurzen Zeit ihres Bestehens von 1866 bis 1872 gelang es der „Kronprinz-Rudolf-Bahn" also, eine stattliche Anzahl von Eisenbahnen in schwierigstem Terrain zu bauen.

Was den Ingenieuren und Arbeitern damals unendliche Mühsal bereitete, sorgt bei den Fahrgästen heute für landschaftliche Genüsse erster Klasse. Denn eine Fahrt durch das Ennstal, durch das sogenannte Gesäuse über Admont nach Selzthal, im engen Tal zwischen den schroffen Gipfeln der Ennstaler und Eisenerzer Alpen, gerät stets zur spektakulären Erlebnisreise.

Anfang der siebziger Jahre des 19. Jahrhunderts standen Tirol und Vorarlberg noch immer am Rande des Geschehens, wenn es um den großen Ost-West-Verkehr der Eisenbahn ging. Noch immer führte die Route von Salzburg nach Innsbruck über Rosenheim und somit über bayerischen Boden. Doch die Bayern erschienen den Habsburgern zwischenzeitlich etwas suspekt; war der wittelsbachische Staat doch mit der Gründung des Deutschen Reiches ein Stück abgerückt aus der Machtsphäre Österreichs. Eine Bahn von Salzburg über ausschließlich österreichischen Grund nach Innsbruck erschien in dieser Situation angebracht. So entstand auf Betreiben der Regierung in Wien 1875 die Salzburg-Tiroler-Bahn über Bischofshofen, Zell am See, über den Grießenpaß nach Kitzbühel und weiter nach Wörgl, wo der Anschluß an die Bahn Kufstein – Innsbruck hergestellt wurde. Nach einer Tochter Kaiser Franz Josephs I. erhielt die Strecke den Namen „Giselabahn". In diesem Zusammenhang wurde auch der Abzweig von Bischofshofen durch das Oberennstal, über Radstadt, Schladming und Stainach-Irdning nach Selzthal gebaut.

Mit der Wirtschaftskrise, die Anfang der siebziger Jahre des 19. Jahrhunderts hereinbrach, und Österreich ebenso wie Deutschland in seinen Grundfesten erschütterte, kam der bisher so euphorisch mit großzügiger staatlicher Hilfe betriebene Eisenbahnbau praktisch zum Erliegen. Die Privatbahnen wurden zahlungsunfähig oder brachen zusammen. Und wieder mußte der Staat einspringen, um die Sache zu retten. Ein neues Eisenbahngesetz wurde erlassen und eine neue Eisenbahnbehörde eingesetzt. Eine Privatbahn nach der anderen fiel wieder an den Staat zurück, der dafür tief in die Tasche greifen mußte. Doch immerhin: Nun kam auch die Neubautätigkeit wieder in Gang, die sich hauptsächlich auf Galizien und Böhmen erstreckte. Den Alpenländern kam lediglich der Bau der „Arlbergbahn" 1884 zugute.

Im Jahr 1900 trat das Eisenbahnministerium dann mit einem großzügigen Neubauprogramm vor den Reichsrat, in dessen Folge ab 1901 rund 70 000 Menschen gleichzeitig an fünf Bahnbauten beschäftigt waren. Schließlich konnten bis 1906, in einer Zeit der größten Schaffenskraft der österreichischen Eisenbahngeschichte, weitere große Alpenbahnen verwirklicht werden. Dazu zählten: die „Karawankenbahn" von Klagenfurt über Rosenbach nach Aßling (Jesenice) mit einem Abzweig von Rosenbach nach Villach; die „Tauernbahn" von Schwarzach-St. Veit über Badgastein nach Villach, die „Wocheinerbahn" von Aßling nach Triest und die Bahn über den Wechsel von Hartberg nach Friedberg. Zusammen mit der ebenfalls 1906 vollständig ausgebauten „Phyrnbahn" von Klaus nach Selzthal waren somit empfindliche Lücken im Eisenbahnnetz der Monarchie geschlossen und der Bau der wichtigsten Alpenbahnen vollendet.

Rund um den Semmering

Den Höhepunkt einer Bahnreise von Wien nach Kärnten stellt wohl für jeden Reisenden die „Semmering-Bahn" mit ihren zahlreichen Kunstbauten dar. Kurz nach Verlassen des Scheiteltunnels überquert der Ex 154 „Robert Stolz" am 8. Oktober 1987 von Graz kommend das Kalte-Rinne-Viadukt, das sicher beeindruckendste Bauwerk dieser im Dezember 1998 von der Unesco zum Weltkulturerbe erklärten Gebirgsbahn. (JE)

Weithin sichtbar thront die Burg Hochosterwitz auf einem 160 Meter hohen Felssockel über der Hügellandschaft östlich von Klagenfurt.
Das Märchenschloß aus dem 16. Jahrhundert mit den kreisförmig angelegten Befestigungsanlagen und dem durch 14 Tore führenden, in den steilen Fels gehauenen Burgweg diente selbst Walt Disney als Vorlage. Die Reisenden des IC 693 „Terra Mystica“ (Wien – Villach) können unweit St. Veit an der Glan am 11. August 1987 aus den Fenstern des 6010 019 nur für einen kurzen Augenblick diese malerische Kulisse genießen. (JE)

Durch das steirische Ennstal auf der Strecke Schladming – Selzthal bei Stainach-Irdning befördert im Sonnenaufgang des 21. September 1982 die Selzthaler 1080.02 den Verschubgüterzug 82722 aus Wörschach-Schwefelbad. Die wenigen offenen E-Wagen stellen für den Veteranen aus dem Jahr 1924/1925 jedoch keine Herausforderung dar, nichtsdestooweniger war das markante Fahrgeräusch dieser Stangen-Elloks immer ein Erlebnis.

Unterwegs im Ennstal

Bild oben: Im Herbst herrscht im Ennstal oftmals Nebel, der sich hartnäckig bis in die Mittagsstunden halten kann. Am Vormittag des 25. Oktober 1995 allerdings scheint bereits die Sonne, als bei Gröbming der 4010 015 als IC 511 „Ennstal“ unterhalb des Grimmingmassivs in Richtung Selzthal fährt. (AH)

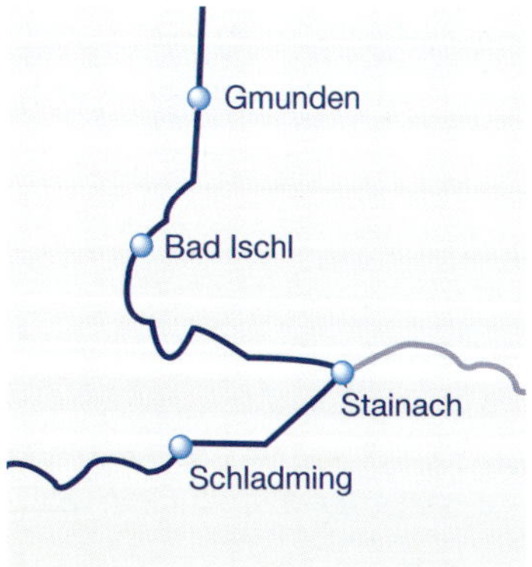

Bild rechts: Die Dachsteinrundfahrt zählte zu den schönsten Tagesfahrten des Gläsernen Zuges. Über Salzburg und Attnang-Puchheim führte sie an den Ufern des Traunsees und des Hallstädter Sees entlang nach Stainach-Irdning und von dort über Bischofshofen zurück nach München. Zwischen Bad Ischl und Hallstadt passiert der „Gläserne“ auf seiner Fahrt entlang der Traun am 7. Juli 1989 den kleinen Ort Lauffen. (TW)

DB
491001-4

Unweit des Bahnhofes Schwarzach-St. Veit auf der Fahrt von Salzburg nach Villach kommt nach 179 Metern Dunkelheit des Untersberg Tunnels die 1042 603 am 19. September 1982 wieder ans Tageslicht, mit ihr ebenfalls die Fahrgäste des Ex 291 „Akropolis" (München – Athen). Um wieviel ästhetischer und filigraner die Tunnelportale aus Natursteinen im Vergleich mit den monotonen Betontunnelportalen der DB-Nebaustrecken anzusehen sind, mag jeder Leser selbst einschätzen.

Geschafft! 440 Höhenmeter hat die Lok 2 der im Jahre 1889 eröffneten Achenseebahn seit dem Ausgangsbahnhof Jenbach über den 3,4 Kilometer langen Zahnstangenabschnitt gewonnen. Im Bahnhof Eben steht am 30. August 1995 die Maschine nun vor dem Zug, um im leichten Gefälle bis zum Endbahnhof Seespitz am Achensee die Fahrt im reinen Adhäsionsbetrieb zu absolvieren. (BR)

Hinauf zum Achensee

Bild links: Die Talgemeinde Obervellach war mit dem 360 Meter höher gelegenen gleichnamigen Bahnhof 45 Jahre lang durch eine Seilschwebebahn verbunden. Nach deren Einstellung im Januar 1976 wurde der Bahnhof zur unbesetzten Haltestelle degradiert und in Kaponig umbenannt. Am 7. Juli 1984 rollt die 1044.03 mit dem R 4901 von Mallnitz kommend talwärts in Richtung Villach. (TW)

Die Personenzuglokomotiven der Reihe 1141 wurden in den Jahren zwischen 1955 und 1958 an die ÖBB geliefert und zählen sicherlich am 19. September 1982 auch nicht mehr zu den modernen Triebfahrzeugen der ÖBB. Die drei Schlierenwagen des R 4945 bereiten der 1141.28 jedoch auch auf den langen Steigungen der Tauernnordrampe bis nach Bad Gastein keine Probleme, der Zug überquert mittels des 110 Meter langen Angertalviadukts die gleichnamige Schlucht in rund 100 Metern Höhe.

Tauern- und Giselabahn

Auf die tatkräftige Schubunterstützung einer 1042 ist dieser schwere Güterzug auf dem Weg nach Villach am 7. Januar 1995 angewiesen, auch die 5200 Kilowatt Leistung der führenden 1044 sind für das Zuggewicht nicht ausreichend. Der vom Zug gerade befahrene Abschnitt der „Tauernbahn“ zwischen Mallnitz und Koponig wird sich in Bälde zweigleisig präsentieren, Aufnahmen wie diese mit dem Dössenbach-Viadukt (Zugspitze) und dem Waldmanngraben-Viadukt (Schublok) sind dann nicht mehr möglich und der Reiz und Charme dieser Gebirgsbahn nahezu im Originalzustand unwiederbringlich verloren sein.

Zu den hervorzuhebenden österreichischen Lokomotiventwicklungen zählte sicherlich auch die der Reihe 1670, die sich nicht nur durch ihr markantes Äußeres positiv auszeichnete. Am 7. Mai 1981 war die Überraschung groß, als die 1670.14 der 1044.27 auf der „Giselabahn" zwischen Wörgl und Saalfelden bei Fieberbrunn vor dem Dg 44671 Vorspann leistete. Bis Saalfelden erreicht ist, muß jedoch erst noch der Paß Grießen bezwungen werden.

Bild oben: Aus umlauftechnischen Gründen bekam am 18. Juli 1983 der E 641 mit seiner Zuglok 1044.81 noch Leervorspann durch die 1010.15 bis nach Saalfelden; die Güterzuglok wird dort auf einen Güterzug wechseln und diesem wiederum Hilfestellung geben. Wieder ans Tageslicht gelangt der Zug nach Verlassen des Windauer-Tunnels unmittelbar vor dem Haltepunkt Windau.

Bild rechts: Die Bahnlinie Wörgl – Saalfelden – Schwarzach – St.Veit verbindet die österreichischen Bundesländer Tirol und Salzburg und bedient bekannte Ferienorte wie Kitzbühel, St. Johann und Zell am See. Vor der grandiosen Kulisse des Kaisergebirges ist die 1042 054 am 12. November 1995 mit dem Regionalzug 5017 bei Fieberbrunn zum Paß Grießen unterwegs. (TW)

Die Wörgeler 1245.535 muß der Innsbrucker 1020.15 Vorspann über den Paß Grießen hinweg leisten. Nach Überwindung dieser Anhöhe heißt es für die Triebfahrzeugführer der beiden elektrischen Altbaulokomotiven, den Kesselwagen-Ganzzug ins Inntal hinab abzubremsen. Mit schon deutlich reduzierter Geschwindigkeit erreicht der Zug im Abendlicht des 5. Februar 1982 Söll-Leukental und die Hohe Salve.

Zum Leistungsvergleich mit eigenen Triebfahrzeugen ziehen die ÖBB immer wieder auch Lokomotiven fremder Bahnverwaltungen heran. So befinden sich im Februar 1982 die schweizerische RE 4/4 1129 und die norwegische EL 16 2209 ebenso wie eine Münchner 111 in Tirol und dem Salzburger Land. Die norwegische Lok bespannte am 6. Februar 1982 zwischen Salzburg und Innsbruck bei Pfaffenschwendt den Ex 468 „Arlberg-Expreß“, die mächtige Bergkulisse der Leoganger Steinberge dient als Hintergrund.

Eine Salzburger 1042 befördert am 31. Dezember 1982 den E 643 von Wörgl aus in die Landeshauptstadt Salzburg. Zwischen Hopfgarten und Windau muß der erste große Anstieg der wichtigen West-Ost-Verbindung überwunden werden, die Bahn bewältigt diesen mittels dieser großen Kehrschleife und überquert die Windauer Ache.

Um die wichtigen Tiroler Fernverkehrsverbindungen am 29. Dezember 1982 vom Schnee zu befreien, wurde die 1145.11 zu zahlreichen Schneeräumfahrten herangezogen. Diese führten die Lok zum Brenner, entlang des unteren Inntals nach Kufstein und schließlich auf der „Arlbergbahn“ bis nach Landeck. Deutlich gekennzeichnet steht sie am Abend vor dem Schuppen des Innsbrucker Heizhauses, eingerahmt wird die Komposition durch die mächtige Nordkette des Karwendelgebirges.

Hinauf zum Brenner

Erst seit dem Winterfahrplan 1997/98 können die fünf Mehrsystemlokomotiven der ÖBB die Korridorzüge zwischen Innsbruck (Tirol) und Lienz (Osttirol) durchgehend mit elektrischen Lokomotiven bespannen, nachdem die italienischen Staatsbahnen dies lange Zeit nicht gestatteten. In dieser Relation befördert am 07. November 1998 die Innsbrucker 1822 003 den R 4603, aufgenommen auf der Nordrampe der „Brennerbahn“ bei St. Jodok.

Bild links: Für eine 1042 einspringen mußte die Innsbrucker 1822 002, um den D 438 „Val Pusteria/Pustertal“ (Klagenfurt – Innsbruck) im Abschnitt zwischen Brennero/Brenner und Innsbruck zu bespannen. Zehn Minuten nach der Abfahrt im Grenzbahnhof hat der Zug den Haltepunkte St. Jodok durchfahren und erreicht nur vier Minuten später Steinach in Tirol (7. November 1998).

Bild oben: Im Herbst 1996 war von der Modernisierung/Umbau der Bahnanlagen in St. Jodok noch keine Rede. Während die Splitvorräte am Haltepunkt für den bevorstehenden Winter ergänzt werden, passiert am letzten Oktobertag die Innsbrucker 1044 218 mit dem EuroCity 81 „Garda“ (München – Mailand) den Haltepunkt.

Bild oben: Die derzeit modernsten elektrischen Lokomotiven der ÖBB sind die Schnellfahrloks der Reihe 1012. Ihre Höchstgeschwindigkeit von 230 Stundenkilometern können die drei vorhandenen Maschinen auf der derzeitigen Einsatzstrecke zwischen Wörgl und Brennersee mit ihren „Rollenden Landstraßen" allerdings nicht ausfahren, auch zeigen sich bereits erste Verschleißerscheinungen aufgrund des Fehleinsatzes an den Radsätzen. Am 6. November 1998 schleppt die 1012 003 bei St. Jodok den Tec 42143 aus Manching hinauf zur Entladestation am Bahnhof Brennersee.

Bild rechts: Annähernd im selben Abschnitt, lediglich von der gegenüberliegenden Hangseite und nachmittags aufgenommen, müht sich die Innsbrucker 1044 225, den langen EuroCity 13 „Leonardo da Vinci" (Dortmund – Mailand) ebenfalls zum Brenner zu bringen. Die erfreulicherweise nicht durch Lärmschutzwände oder ähnliche Einrichtungen ungetrübte Sichtmöglichkeit auf die Bahnstrecke ermöglicht in der Umgebung von St. Jodok zahlreiche Fotostandpunkte (26. Oktober 1998).

Hinunter nach Südtirol

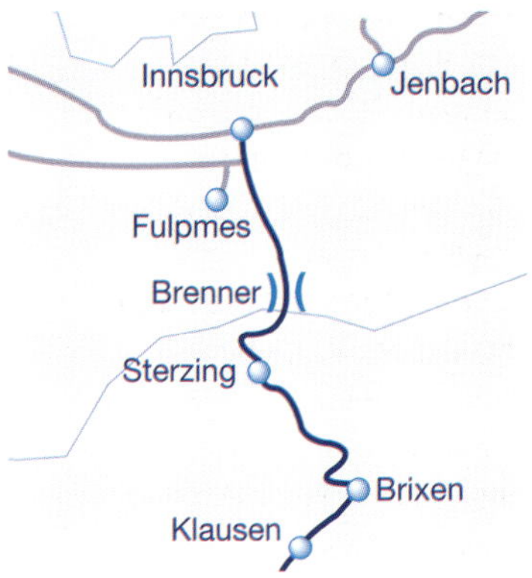

Unmittelbar hinter dem Bahnhof Brenner, kurz vor Erreichen des ehemaligen Bahnhofs Schellenberg, überwindet die Gebirgsbahn einen schwierigen, durch steil aufragende Felsen geprägten Geländeabschnitt. Der Bereich gilt als lawinen- und steinschlaggefährdet und wird daher durch Streckengeher überwacht. Um den Naturgewalten zu entgehen, soll dieser Abschnitt in naher Zukunft durch einen in Bau befindlichen Tunnel umfahren werden. Am Nachmittag des 30. Oktober 1997 rollt die Brennerlokomotive 652 085 mit ihrem Güterzug durch den engen, kurvenreichen Abschnitt talwärts. (JE)

Seit einigen Jahren verkehrt für Touristen in Südtirol ein Sonderzug zwischen Bozen und Innichen, dessen stilreine Garnitur aus Oldtimer-Wagen besteht und mit „passender“ Altbau-Ellok bespannt wird. Am 9. August 1998 ist die E 626 231 vor der „Centoporte“- und „Corbellini“- Wagengarnitur eingesetzt, aufgenommen in der Nähe von Klausen. Die Lokomotive kommt nur noch vor Sonderzügen zum Einsatz. (HR)

Die EuroCity 12 und 13 (Mailand – Dortmund – Mailand) sind die einzigen EC auf der „Brennerbahn“, die mit DB-Wagengarnitur gebildet werden. Zwischen Verona und Brenner wird der Zug von einer der modernen E-Loks der Reihe 652 des Bw Verona befördert. Diese 3000-Volt-Gleichstromlok hat drei einmotorige Drehgestelle und erreicht eine Höchstgeschwindigkeit von 160 km/h. Im Bild fährt der EC 12 in Richtung Brenner zwischen den Weinfeldern des Etschtales in der Nähe der Haltestelle Dolcè. (HR)

Triebwagen-Oldtimer Oberhalb Bozens

Die nächsten Aufnahmen zeigen den Betriebsablauf der zwischen Maria Himmelfahrt, Oberbozen und Klobenstein verkehrenden „Rittnerbahn". Diese Schmalspurbahn wurde im Jahre 1907 eröffnet und verkehrte bis zum Jahre 1966 sogar direkt aus dem Bozener Ortszentrum. Heute ist die auf einem Hochplateau verkehrende Bahn nur mittels der Seilbahn oder auf der Straße zu erreichen. Gerade noch rechtzeitig vor einer großen Gewitterfront erreicht am Abend des 21. September 1993 der Triebwagen „Alioth" den Haltepunkt Wolfsgruben, die Silhouette des mittlerweile einzigartigen Fahrzeuges sowie der hölzernen Oberleitungsmasten heben sich gegen den Wolkenhimmel ab.

Wiederum der „Alioth“ diente nur vier Tage später als geduldiges Opfer nächtlicher Aufnahmen. Diesmal wartet er im hell ausgeleuchteten Bahnhof von Oberbozen gegen 21.00 Uhr auf das Eintreffen später Fahrgäste der sich bereits von Bozen ankündigenden Seilbahn.

Obwohl die Verbindung von Oberbozen nach Klobenstein lediglich 5,5 Kilometer Länge aufweist, ergeben sich unzählige Fotostandpunkte. Einer davon befindet sich im Ortsbereich von Oberbozen, nach nur wenigen hundert Meter Fahrt wird wiederum der „Alioth“ am 22. September 1993 seinen Endbahnhof in Oberbozen erreichen.

1044 024-6
64
6

Von Tirol nach Zürich: Innsbruck – Arlberg – St. Moritz – Zürich

Innsbruck, ich muß dich lassen", heißt es in einem alten Lied, das Paul Hofhaimer (1459 – 1537) als Organist und Komponist am Hofe von Maximilian I. ersann. Wehmut und Abschiedsschmerz mögen sich auch demjenigen mitteilen, der die Stadt in heutigen Tagen besucht. War sie doch über Jahrhunderte Durchgangsort und Knotenpunkt auf der Reise von Ost nach West, von Nord nach Süd. Ein Ort flüchtiger Begegnungen und des fortwährenden Abschmiednehmens. Die Einwohner Innsbrucks haben mit dem ständigen Kommen und Gehen und der verkehrsgünstigen Lage nicht schlecht verdient. Kein Kaufmann durfte an der Stadt vorbeiziehen, ohne seine Waren zu verzollen und sie in der Stadt feilzubieten. So zeugen denn auch die

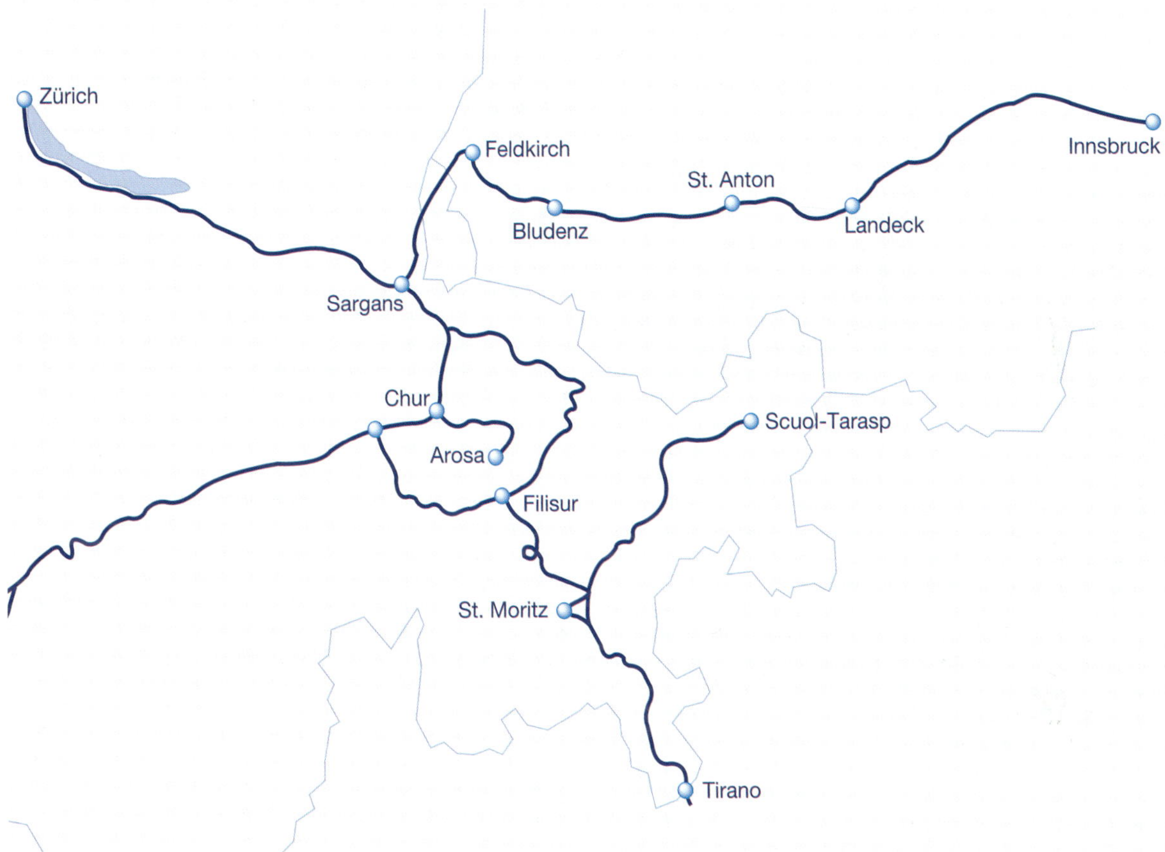

Wie alle Hauptstrecken der ÖBB, ist auch die Verbindung von Tirol nach Vorarlberg, die „Arlbergbahn", fest in der Hand der Reihe 1044, es werden den Maschinen der Zugförderungsleitungen Bludenz, Innsbruck, Salzburg und Wien-West eingesetzt. Planmäßig bespannen diese leistungsfähigen Lokomotiven alle hochwertigen Schnellzüge, aber auch sie müssen gelegentlich durch eine zweite Maschine auf den Rampen unterstützt werden. Ohne diese Hilfe fährt der InterCity 564 „Alemannia" (Wien – Bregenz) mit 1044 024 zwischen Innsbruck und Landeck, er hat vor kurzem Schönwies passiert (3.Oktober 1993).

Fassaden und Ansichten der Bürgerhäuser von erklecklichem Reichtum. Was mit der Flösserei auf dem Inn begann, setzte die Eisenbahn Mitte des 19. Jahrhunderts fort. Seither ist Innsbruck auch auf der Eisenbahnkarte wichtige Relaisstelle im Verkehr aus allen Himmelsrichtungen.

Die 1867 von Karl von Etzel gebaute „Brennerbahn" nach Bozen und Verona hat ihren Ausgangspunkt in Innsbruck. Nach Norden durch das Inntal führen die Gleise der Nordtiroler Bahn zur bayerischen Grenze bei Kufstein und weiter über Rosenheim nach München. Ebenfalls nach München fahren die Züge auf der vom Innsbrucker Westbahnhof ausgehenden „Karwendelbahn" über Seefeld, Mittenwald und Garmisch-Partenkirchen. Und schließlich – klein aber fein – die „Stubaitalbahn": Die elektrifizierte Schmalspurbahn mit einer Spurweite von 1000 Millimetern erschließt seit 1904 von Innsbruck aus auf einer rund 18 Kilometer langen Strecke mit Endpunkt in Fulpmes das Stubaital.

Wir aber verlassen Innsbruck in Richtung Westen und folgen der bekannten „Arlbergbahn". Die 136 Kilometer lange „Arlbergbahn" von Innsbruck über Landeck und St. Anton nach Bludenz verbindet seit 1884 Tirol mit Vorarlberg. In der

Reihe der großen österreichischen Alpenbahnen ist sie die jüngste. 1880 begannen die Bauarbeiten nach dem Entwurf und unter der Leitung des Chefs der Direktion für Staatseisenbahnbauten, Oberrat Julius Lott.

Doch halt! Bevor wir es im Reisefieber vergessen: Im Innsbrucker Westbahnhof trennt sich die Karwendelbahn von unserer Trasse. Ihre Gleise wechseln über den Inn auf die andere Seite des Tales. Und während wir dem Lauf des Flusses folgen, erklimmt die Karwendelbahn in engen Kurven und mit bis zu 36 Promille Steigung die Abhänge auf der Nordseite des Inntales. Noch lange können wir auf unserer Fahrt in Richtung Landeck die Strecke nach Mittenwald verfolgen. Höher und immer höher zieht sie sich empor. Besonders deutlich tritt schließlich die lange Galerie in der senkrecht abfallenden Martinswand hervor: Wie durch einen Arkadengang in schwindelnder Höhe streben die Züge knapp am Abgrund entlang ihrem Ziel entgegen. Aus den Tiefen des Inntales wirken die Lokomotiven und Wagen, die wir oben auf der Karwendelbahn beobachten, gleichsam wie Spielzeug auf der Modellbahn. Wie eine gewaltige Inszenierung en miniature. Und alles scheint so unwirklich, so phantastisch, daß man glauben möchte, mit dem Erbauer dieser „Modellbahn“ sei die Phantasie durchgegangen.

Erste Etappe auf unserem Anstieg zum Arlberg ist die rund 71 Kilometer lange „Talstrecke“ nach Landeck. Im Norden das Wettersteingebirge und die Lechtaler Alpen; im Süden grüßen die Stubaier Alpen. Vorbeiziehende Bahnhofsnamen wie Ötztal oder Imst-Pitztal erinnern an die Wintersportparadiese, die nur wenige Kilometer entfernt in den Bergen liegen. Beliebt sind vor allem die etwas weiter im Süden gelegenen Gletscher, auf denen sich das ganze Jahr über Gelegenheit zum Skifahren findet. Apropos „finden“: Gefunden wurde dort auch jener Gletschermann, der sich lange vor Entdeckung von Ski und Snowboard auf dem Eis des Similaungletschers an der Grenze zwischen Österreich und Italien herumtrieb. „Ötzi“ oder – schlimmer noch: „Frozen Fritz“, wie er nun reichlich despektierlich von den Anglo-Amerikanern genannt wird, zeugt seither in einem Museum in Bozen von der Jahrtausende alten Besiedlung der Gegend.

Mit der Unterstützung einer Schiebe- oder Vorspannlok verlassen die meisten Züge den Bahnhof von Landeck in Richtung St. Anton. Nun beginnt der spektakulärste Teil der „Arlbergbahn“. Unzählige Brücken, Viadukte, Tunnels und Steinschlaggalerien entlocken den Mitreisenden nicht selten ein entzücktes „Ah“ und „Oh“. Manch einem der Fahrgäste wird bei dem Blick in die schwindelerregenden Abgründe wohl auch etwas mulmig zumute. Einer der Höhepunkt ist die Fahrt über die 210 Meter lange und knapp 90 Meter hohe Trisannabrücke, die zusammen mit dem Schloß Wiesberg eines der meistfotografierten Eisenbahnmotive in den Alpen formt. Pians, Strengen, Schann und Pettneu ziehen vorbei; schließlich St. Anton am Arlberg, der traditionsreiche Wintersportort.

Der nun folgende, rund zehn Kilometer lange Scheiteltunnel bereitete die größten Schwierigkeiten beim Bau der Strecke. Anfangs in mühsamer Handarbeit, später mit maschinellem Vortrieb, bohrten sich rund vier Jahre lang bis zu 4685 Arbeiter durch den Fels. 92 Männer starben bei Unfällen und an Krankheiten bis der Tunnel schließlich am 14. Mai 1884 fertiggestellt war. Ein Abenteuer war zu Zeiten der Dampflokomotiven allein die Fahrt durch den Berg. Heizer und Lokführer mußten damals ihre ganze Kunst an Schaufel und Regler aufbieten, um die schweren Züge durch die dunkle Röhre zu bringen. Der Ingenieur Alexander Niklitschek berichtet von einer dieser abenteuerlichen Fahrten durch den Scheiteltunnel, die längst der Vergangenheit angehören:

„‚Heute kommt noch ein böses Stück‘ meint der Lokomotivführer zu mir als wir wieder unsere Plätze eingenommen haben und die Lokomotive langsam aus der Station fährt. ‚Gleich vorne im Tunnel, noch in der Steigung, steckt heute der Pfropfen!‘ ... Bei der großen Länge des Arlberg-Scheiteltunnels gelingt es dem Wind oder dem natürlichen Luftzug in der Tunnelröhre nur selten, die gesamte von den Lokomotiven ausgestoßene Menge von Rauchgasen herauszutreiben oder wenigstens bis zur Unmerklichkeit zu verdünnen. Diese dicke Zusammenballung dampfdurchsetzten, neblig-stickigen Rauches nennen die Eisenbahner eben den ‚Pfropfen‘...

Zunächst ist die kalte, eigenartig nach Ruß und Rauch riechende Luft noch klar, bald jedoch scheint es, als ob ein warmer, stickiger Nebel, der zuerst nur so etwas wie eine kaum merkliche Trübung der Luft war, um uns stets dichter würde. Und immer heißer und stickiger wird das unheimliche Grau um uns, schwefliger Geschmack legt sich auf die Zunge, und mühsam beginnen die Lungen zu arbeiten. Immer schwieriger wird es, Luft zu schöpfen und zu atmen. ‚Der Pfropfen!‘ schreit mir der Lokomotivführer jetzt durch den wilden Lärm der unbeirrt weitertobenden Maschine zu. Und jetzt wird es ganz unheimlich!

Der stickige Dampf um uns ist nun so dicht, daß er auf die kurze Entfernung bis zur Führerhauslaterne, die wie alle Lichter des Zuges schon von Bludenz her brennt, deutlich sichtbar wird; bald läßt die Leuchtkraft der ölgespeisten Laterne merklich nach. Die noch kurz zuvor freundliche Flamme wird zu einem kümmerlichen Funken. Es beginnt in den Augen zu stechen. Wie ein warmer, schwerer Stein legt es sich auf die Brust. Kalter Angstschweiß beginnt mir auf die Stirn zu treten... ‚Taschentuch‘ rät der Führer schreiend. Und wirklich lindert das vor Mund und Nase gehaltende Tuch ein wenig die Qual. Führer und Heizer aber stehen schutzlos im höllischen Rauch da. Der Heizer legt sogar unbeirrt Kohlen ein, und da scheint es mir, als ob auch die grelle, flackernde Glut des Kesselfeuers ihre sengende, weißgelbe Leuchtkraft eingebüßt habe und die züngelnden Flammen in der Feuerbüchse nurmehr in trübem orangerot flackerten...

Endlich ein schneidend scharfer, kalter Luftzug, gottlob, ein etwas freierer Atemzug – dann noch ein zweiter Windstoß eisig kalter Luft, und wir sind durch den ‚Pfropfen‘ hindurch! Rasch ist der gespensterhafte Nebel verschwunden, und freundlich klar schimmert wieder das Licht der Führerhauslaterne, gerade so wie die Flammen in der Feuerbüchse ihre alte sengende Leuchtkraft wieder gewonnen haben. Ich beuge mich weit über die Brüstung vor, damit der schneidend kalte Luftzug des Gegenwindes rasch die letzten Reste des stickigen Rauchnebels aus den Lungen treibe, und schaue in die schwarze, eilende Nacht des Tunnels hinaus.“

Politische Gründe waren es damals, die den Ausschlag gaben zum Bau der „Arlbergbahn“. Denn Vorarlberg sollte durch den Schienenstrang näher an die Hauptstadt Wien angebunden werden. Offensichtlich erschienen die Vorarlberger schon damals den Machthabern in der Hauptstadt als recht wankelmütige Weggefährten in der Monarchie. Doch auch die eisernen Schienen der „Arlbergbahn“ konnten nicht so recht zusammenhalten, was die Vorarlberger im Geiste vom Rest ihres Mutterlandes trennte. Und so kam es schließlich zu dieser berühmten Volksabstimmung im Jahre 1919, bei der sich die Bludenzer, die Bregenzer und all die anderen vor dem Arlberg mit einer Mehrheit von sage und schreibe 80 Prozent für einen Anschluß an die Schweiz aussprachen. Doch damals schrie noch niemand „Wir sind das Volk“, und deshalb wurde die Sache kurzerhand unter den Tisch gekehrt.

Immerhin fand die Eisenbahn Anschluß an die Schweiz. Nämlich in Feldkirch, wo sich die Bahn nach Zürich, Basel, Sargans und Chur von der Strecke Bludenz – Bregenz – Lindau trennt. Und damit sind wir auch schon mitten drin im Bahnparadies Schweiz.

Wer an das Land der Eidgenossen denkt, hat zu allererst drei Sachen im Sinn: Berge, Berge und nochmals Berge. Und da kommt schnell die Frage auf: Wer um Himmelswillen kam auf die Idee, eines der dichtesten Eisenbahnnetze der Welt über diese widerspenstige Topographie zu werfen? „Alle und niemand“, müßte die Antwort lauten. Denn es war oft schlichtweg lebensnotwendig, daß viele Städte und Bergdörfer der Einsamkeit entrissen wurden und durch die Eisenbahn eine Verbindung zur Außenwelt erhielten. An Tourismus und Reiselust dachte man damals erst in zweiter Linie. Und so kam es, daß die Schweiz am Ende mit Eisenbahntunnels durchlöchert war wie ihr sprichwörtlicher Käse.

Noch 1844 war in einem anonymen Text zu lesen: „Beim Reisen in der Eisenbahn gehen in den meisten Fällen der Anblick der Natur, die schönen Ausblicke auf Berg und Tal verloren oder werden entstellt. Das Auf und Ab im Gelände, die gesunde Luft und all die anderen aufmunternden Assoziationen verschwinden oder werden zu tristen Einschnitten, düsteren Tunnels oder dem dröhnenden Auswurf der Lokomotive.“ Doch solch garstige Worte zielen am Charakter der Schweizer Eisenbahnen weit vorbei. Reisen und Schauen! Der Weg als Ziel! Die Reise um ihrer selbst Willen – in der Schweiz könnte man sie erfunden haben.

Schon Thomas Mann berichtet in seinem „Zauberberg“ vom Erlebnis einer Bahnfahrt von Landquart nach Davos. „Es ist eine Schmalspurbahn, die man in windiger und wenig reizvoller Gegend besteigt, und in dem Augenblick, wo die kleine, aber offenbar ungewöhnlich zugkräftige Maschine sich in Bewegung setzt, beginnt der eigentlich abenteuerliche Teil der Fahrt, ein jäher und zäher Aufstieg, der nicht enden zu wollen scheint...“.

Graubünden verfügt als flächenmäßig größter Kanton der Schweiz mit der „Rhätischen Bahn“ (RhB) sozusagen über eine eigene Staatsbahn. Ihr weitverzweigtes Netz führt hinein ins Unter-Engadin nach Scuol, über den Bernina ins italienische Tirano oder hinauf nach Davos, das vor allem für sein heilendes Hochgebirgsklima bekannt ist.

All diese Bahnen warten auf mit einer Fülle an landschaftlichen und technischen Superlativen: So zum Beispiel der berühmte Landwasserviadukt auf der Linie Chur – St. Moritz, der bei Filisur direkt in einen Tunnel in einer senkrechten Felswand übergeht. Oder etwa der einzige Kreiselviadukt der Schweiz bei Brusio auf der ehemaligen Berninabahn. Oder... Doch wo soll diese Aufzählung beginnen, wo soll sie enden?

Wir könnten nun einsteigen in den „Glacier-Expreß“, jenen langsamsten aus der Gattung der berühmten Schnellzüge. Denn wie sagte schon ein Reiseschriftsteller des 19. Jahrhunderts: „Das Reisen wird nämlich im genauen Verhältnis zu seiner Geschwindigkeit stumpfsinnig.“ Nicht Tempo und Tonnen haben den Glacier-Expreß berühmt gemacht, sondern das Kennenlernen von Landschaft und Leuten. Täglich verkehrt dieser Zug auf seiner Panoramafahrt auf der Strecke von St. Moritz über Chur, Andermatt und Brig bis nach Zermatt am Fuße des Matterhorns – und zurück natürlich. Die Fahrt läßt an landschaftlicher Dramatik nichts zu wünschen übrig. So mancher Reisende hat in der wilden Natur des Albula-Tales, wo sich enge Kurven und Kehrtunnels in dichter Folge reihen, die Orientierung verloren. Kein Wunder, denn nicht weniger als siebenmal über- oder unterqueren hier die Züge ihr eigenes Gleis – mal auf Brücken, mal in Tunnels. Hinter Chur dann geht es durch das Tal des Vorderrheins, vorbei an zerklüfteten Felsformationen, nur wenige Meter über dem schäumenden Wasser des noch jungen Stromes in Richtung Disentis. Die Fahrt mit dem „Glacier“ verspricht sodann eine atemberaubende Berg-und-Talfahrt: im Schutze zahlreicher Tunnels und Galerien hinaus zum Oberalp-Paß und von dessen 2033 Metern Höhe gleich wieder hinab auf 1444 Meter nach Andermatt, weiter durch den Furka-Basistunnel hinüber ins Rhônetal bis hinab nach Brig (681 Meter) und noch einmal hoch hinauf nach Zermatt (1616 Meter) zum Fuß des Matterhorns.

Wie gesagt, wir könnten einsteigen in den „Glacier-Expreß“. Doch wir entscheiden uns anders, machen von St. Moritz aus zunächst einen Abstecher nach Süden zur Berninabahn. Sie hat den unschätzbaren Vorteil, daß die Fahrgäste fast alles von der durchmessenen Landsschaft sehen. Nur selten nahmen ihnen die Erbauer der Bahn durch Tunnels oder Galerien die Sicht. Ohne Scheiteltunnel geht es über den 2253 Meter hohen Berninapaß! Um die sechs Meter Schnee fallen dort oben in einem „durchschnittlichen“ Winter. Trotz technischer Hilfsmittel bedeutet es für die Eisenbahner harte Arbeit, die Trasse freizuhalten. Und wenn sie sich mit ihren Schneeschleudern endlich durch die Eiswüste gefressen haben, müssen sie mitunter zusehen, wie ihnen ein Orkan hinterdrein jagt und alles zunichte macht…

Faszinierend ist die Reise mit dem „Bernina-Expreß“ besonders in den Frühlingsmonaten. Oben am Paß herrscht dann noch tiefster Winter. Doch mit jeder Serpentine, die der Zug auf seiner halsbrecherischen Talfahrt durchmißt, ändert sich das Bild. Und am Ende des Weges, in Tirano, sitzt man im Schatten blühender Bäume auf der Piazza und schlürft seinen Espresso. – Das sind die italienischen Momente im Leben!

Irritiert von all den gegensätzlichen Eindrücken fahren wir zurück nach Norden, nach Zürich, in die heimliche Hauptstadt der Schweiz.

Die Arlbergbahn

In der Gegenrichtung unterwegs ist auf der Ostrampe der „Arlbergbahn" am 30. Oktober 1993 die 1044 219 mit ihrem InterCity 569 „Bodensee" (Bregenz – Wien). Eine in luftiger Höhe über die Bahn führende Straßenbrücke dient östlich Roppen als willkommener, erhöhter Blickpunkt auf den Tiroler Ort, der Zug wird in ungefähr 25 Minuten die Tiroler Landeshauptstadt Innsbruck erreichen.

Zu den herausragenden Zügen der „Arlbergbahn" zählt der EC 163 „Transalpin", der Basel mit Wien verbindet und regelmäßig in der ersten Klasse einen Schweizer Aussichtswagen mitführt. Aktuell ist nach wie vor die Bespannung mit Wiener 1044.2, Vergangenheit sind allerdings die filigranen Fahrleitungsmasten bei St. Jakob aus der Frühzeit des elektrischen Betriebes, sie sind inzwischen durch Betonmasten ersetzt worden (1044 257, am 22. August 1994, TW).

Eingleisige und stark befahrene Strecken bieten immer Überraschungen, auch die „Arlbergbahn" macht diesbezüglich keine Ausnahme. Der 9. Mai 1981 war ein solcher Tag, als die 1180.02 von Landeck nach Bludenz überführt werden mußte. Um eine Lokleerfahrt zu vermeiden, wurde sie als Vorspann dem Güterzug 69846 mit der 1044.08 beigegeben. Aufgrund des hohen Zuggewichtes kam noch die 1020.39 als weitere Vorspannlok zum Einsatz. Das Trio befindet sich am inzwischen aufgelassenen Haltepunkt Wiesberg unmittelbar vor der Trisannabrücke.

In einem makellosen Pflegezustand befindet sich am 30. Juli 1983 die 1044.93 der Zugförderungsleitung Innsbruck. Sie befährt das bekannte Trisanna-Viadukt mit dem „Starzug“ der „Arlbergbahn“, den Ex 462 „Transalpin“ (Wien – Basel) in Richtung St. Anton am Arlberg. Von der über 87 Meter hohen Brücke ergibt sich ein beeindruckender Blick hinab in das Paznauntal, im Hintergrund das Schloß Wiesberg.

Bild links: Zwischen den Bahnhöfen Roppen und Imst-Pitztal muß die Bahn das obere Inntal durchqueren, vom Beginn dieses engen Felsdurchbruches aus ergibt sich dieser Blick hinab ins Flußtal und die Tiroler Bergwelt mit der Mieminger Kette. Eine Wiener 1044.2 bespannt am 30. Oktober 1993 den IC 562 „Bregenzerwald" (Wien – Bregenz), sicherlich genießen auch die Fahrgäste die Ausblicke auf die herrliche Landschaft.

Um die Steigungen von 31 Promille auf der Westrampe (Bludenz – St. Anton) und 26 Promille auf der Ostrampe (Landeck – St. Anton) bewältigen zu können, benötigen die meisten Güterzüge über den Arlberg eine Schiebelokomotive. Im Morgenlicht des 23. Oktober 1993 schiebt die 1020 035 einen Containerzug durch den Bahnhof Flirsch in Richtung Innsbruck. (TW)

7

624

Ins Egadin

Bild links: Die Stichstrecke (St. Moritz –) Bever – Scuol-Tarasp wird von der Rhätischen Bahn betrieben und stellt, immer dem Lauf des Inn folgend, die Verbindung zwischen Ober- und Unterengadin her. Zwischen Zuoz und Zernez verengt sich das sonst meist sehr weite Tal und mehr als 200 m Höhenunterschied sind zwischen den beiden Hochtälern zu überwinden. Am 8. August 1988 hat eine Ge 4/4^{II} mit ihrem Regionalzug 250 die Hälfte der Steigung bereits geschafft und zeigt sich zwischen zwei der zahlreichen Tunnels für Sekunden im Tageslicht.

Bild rechts: Die eigentliche Bergstrecke der RhB-Albulalinie beginnt erst hinter Filisur. Kurz hinter dieser Station befindet sich der 56 m lange Schloßbergtunnel, den die Ge 6/6 II 704 mit dem Richtung Engadin fahrenden Reisezug am 4. November 1988 gerade verlassen hat. Bis zum Zielort St. Moritz sind noch weitere 21 Tunnels zu passieren. (AH)

Anscheinend vollkommen unbeeindruckt von Kälte und Schnee bringt am 30. Dezember 1984 ein Gleichstrom-Triebwagen der Baureihe ABe 4/4 bei -30°C und einem strammen Nordwind den Regionalzug 421 pünktlich von St. Moritz entlang des verschneiten Lago Bianco zur Bernina-Passhöhe auf 2253 m üNN.

Die Kurswagen von Chur am Vorderrhein nach Tirano in Italien werden zwischen den Schnellzügen der Albulabahn und dem Bernina Express unter Umgehung von St. Moritz mit den Regionalzügen Samedan – Pontresina befördert. Am 30. Dezember 1984 hat der 1939 gebaute und 1983 modernisierte Wechselstrom-Triebwagen ABe 4/4 503 diese Aufgabe übernommen und gerade den einzigen Zwischenstop auf dieser Linie in Punt Muragl an der Talstation der MMB eingelegt.

Die RhB unterteilt die Fahrplanabschnitte Sommer/Winter jeweils noch in Saison und Nichtsaison. Das Ausbleiben der Touristenströme bewirkt sowohl den Ausfall von Zugleistungen als auch die entsprechende Reduzierung der Zuglängen. So handelt es sich auf dem im Bild gezeigten kurzen Zug um den „Glacier-Expreß“, der am 24. Oktober 1991 seine Reise Richtung Zermatt angetreten und soeben den unteren Teil des Val Bever durchfahren hat. (AH)

Überwiegend ist das Netz der RhB vom stundenweise vertaktete Reisezugverkehr geprägt. Nennenswerter Güterverkehr ist nur auf der Albulastrecke und Vorderrheintallinie zu verzeichnen. Am 30. Oktober 1989 zieht eine Ge 4/4 '' auf erstgenannter Strecke ihren Güterzug bergwärts und wird gleich in den nur 26 m langen Tiefencasteltunnel eintauchen. (AH)

Der Weg nach Zürich

Bild links: Die sechs dreiteiligen Triebwagenzüge der RhB-Baureihe Be 4/4 bedienen seit 1971 den Vorortverkehr von Chur. Abseits seines Haupteinsatzgebiets überquert der Motorwagen 515 mit Mittel- und Steuerwagen am 10. August 1988 mit dem Regionalzug 135 von Davos nach Filisur den 210 m langen und 88 m hohen Wiesener Viadukt.

Bild rechts oben: In den Jahren 1927 bis 1934 wurden die 127 Exemplare der Baureihe Ae 4/7 gebaut, die als eine der ersten großen Serien von Elektrolokomotiven mit Einzelachsantrieb gilt. Viele dieser Buchli-Loks bewährten sich über das Pensionsalter von 65 Jahren hinaus im Plandienst vor Reise- und Güterzügen. Das Foto entstand etwa zehn Jahre vor der Ausmusterung der letzten Exemplare am 26. Juli 1985 im Vorderrheintal bei Sargans.

Bild rechts: Hauptaufgabe der von der SOB über fünf Jahre gemieteten DR/DB-Lokomotive 143 922-3 war neben dem Kiesverkehr die Beförderung der beiden Schnellzugpaare zwischen Zürich und Einsiedeln, auf deren Laufweg mehr als 400 m Höhenunterschied über 50-Promille-Rampen zu überwinden sind. So befördert der deutsche Gastarbeiter auch kurz vor seiner Rückkehr in die Heimat im Berufsverkehr des 29. Juni 1995 den Abendschnellzug 2941 („Gipfeli-Express") entlang des Zürichsees bei Oberrieden.

Schweiz transalpin: Gotthard, Lötschberg, Simplon und Golden Pass

Eine Reise durch die Alpen – was wäre sie ohne eine Fahrt über die großen Nord-Süd-Transversalen der Schweiz. Jene Pässe, die schon seit Menschen gedenken den Handel zwischen dem Norden und den Ländern der Levante ermöglichen. Kaufleute und Händler wanderten schon vor Jahrtausenden über die Alpenübergänge der Schweiz. Eroberer und Feldherrn vieler Jahrhunderte zogen samt ihrer Soldateska über die Höhen und hinterließen nicht selten eine Spur der Verwüstung. Von den Römern bis hin zu Napoleon suchten alle ihren Weg über Berg und Tal. Und bevor in Rom der Schreckensruf „Hannibal ante portas" erschall, mußte auch dieser mit seinen Elefanten die Höhen der Alpen bezwingen – ob es wirklich am Großen St. Bernhard war, wird jedoch für immer unter dem Schleier der Geschichte verborgen bleiben. Jedenfalls verdienten die Orte entlang der Handelswege nicht schlecht am immerwährenden Kommen und Gehen. Die vielen Hospize und Wehranlagen, die sich auf den Paßhöhen der Eidgenossenschaft finden, zeugen noch heute von dieser langen Tradition.

Doch mit dem Bau der Eisenbahnen kam für viele Orte der Zeiten Wende. Berge wurden durchbohrt, Täler überbrückt. Die Eisenbahn, die nun das Heer Postillione und Kutscher brotlos machte, suchte neue, oftmals andere Wege, kanalisierte den Verkehr und damit auch den Fluß des Kapitals. In der Schweiz waren es im wesentlichen die Bahnen über den Gotthard, über den Simplon und über den Lötschberg, die den Nord-Süd-Transit an sich zogen. Bahnen von sagenhafter landschaftlicher Schönheit und gleichzeitig Zeugen von meisterhaftem technischem Können. Fahren wir also fort in

Bild links: An ihrem nördlichen Ende teilt sich die Gotthard-Bahn in zwei Hauptäste: Nahezu der gesamte Güterverkehr sowie die Reisezüge in Richtung Luzern – Basel benutzen die zweigleisige Weiterführung am Westufer des Zuger Sees; auf dem Foto hingegen schlängelt sich auf der gegenüberliegenden Seeseite der Schnellzug 1568 von Airolo nach Schaffhausen über die eingleisige Strecke nach Zürich.

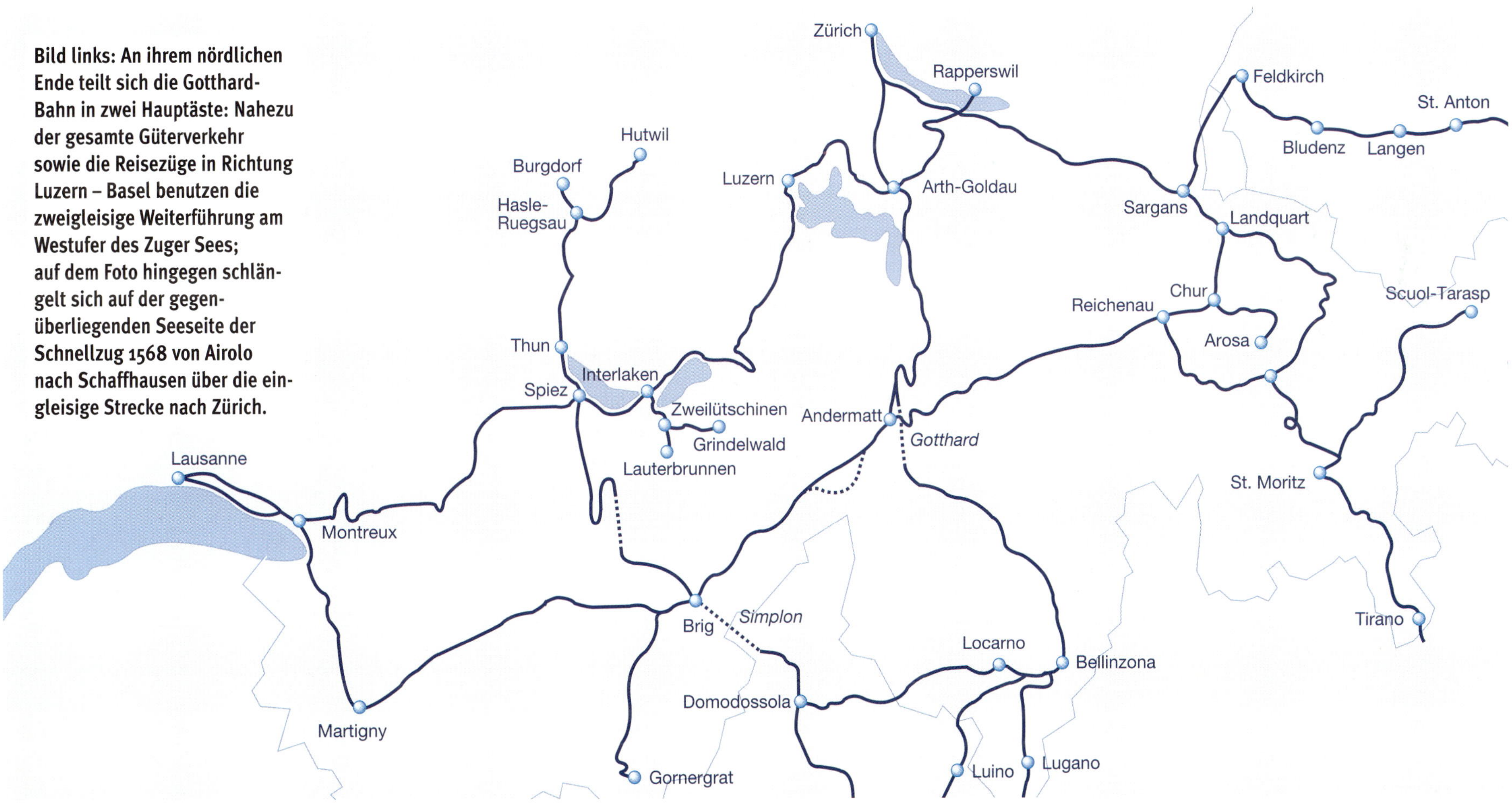

unserer fotografischen Rundfahrt. Luzern, die Stadt am Vierwaldstätter See, soll Start und Ziel der folgenden Etappe unserer transalpinen Reise mit Abstechern nach Italien sein.

„Die politischen Interessen empfehlen es, zwischen Deutschland und Italien eine Verbindung zu schaffen, welche lediglich von dem neutralen Zwischenlande, der Schweiz, abhängig ist und nicht im Besitz einer der großen Mächte sich befindet." Kein Geringerer als Otto von Bismarck wurde mit diesen Worten zum Protagonisten der ersten großen Alpenbahn der Schweiz, nämlich der „Gotthardbahn". 1870, am Vorabend der deutschen Reichsgründung, begründete Bismarck seine Unterstützung für das Projekt, das zunächst zwischen der Schweiz und Italien, später dann unter Einbeziehung Deutschlands, vertraglich festgezurrt wurde. Zu dieser Zeit bestanden zur Überquerung der Alpen nur die „Semmeringbahn" im Osten und die Brennerbahn, beide in Österreich sowie im Westen der Mont-Cenis-Tunnel in Frankreich.

Mit Unterzeichnung der Gotthardvertrages durch die drei Staaten im Jahr 1871 war nach jahrzehntelangem Tauziehen um die Wahl der Trasse der erste Schritt getan, um die badischen Eisenbahnen im Norden mit den italienischen Bahnen im Süden zu verbinden. Neben dem Gotthard waren lange Zeit auch die Übergänge am Simplon, die Grimsel, der Lukmanier und der Splügen im Gespräch., wurden aber nie in die Tat umgesetzt. Zwar lagen durch den Bau der bereits bestehenden Gebirgsbahnen wertvolle Erfahrungen vor. Aber das zerklüftete Grenzgebiet am St. Gotthard-Paß forderte seinen Tribut von der Technik.

Nicht umsonst hatte einer Sage zufolge der Teufel selbst seine Hand im Spiel, als ein paar Jahrhunderte zuvor die erste Straße über den Gotthard und mit ihr auch die sogenannte Teufelsbrücke in der engen Schöllenenschlucht entstand. Nachdem, so berichtet die Legende, die Urner an diesem Punkt mit der Trassierung nicht mehr weiter wußten und es satt hatten, immer wieder einen maroden Holzsteg zu reparieren, soll sich der Teufel anerboten haben, eine steinerne Brücke zu bauen. Allerdings unter einem Vorbehalt: Die Seele des ersten lebenden Wesens, welches die Brücke überschreite, gehöre auf alle Ewigkeit ihm. Die Urner waren damit einverstanden, und so entstand die steinerne Brücke sozusagen „über Nacht". Am Morgen danach begutachteten die Urner das Werk und schickten „als erstes lebendes Wesen" einen Ziegenbock über die neue Brücke. Vor Wut soll der Teufel den Bock in hundert Stücke zerrissen haben. Weniger ein Bund mit dem Leibhaftigen als vielmehr ausgefeilte technische Präzision ermöglichte später den Bau der Bahn über den Gotthard ins Tessin. Allein die geodätische Aufnahme und die Vermessung des Geländes zählen zu den Pionierleistungen damaliger Zeit.

Traurige Berühmtheit erlangte der Bau des über 15 Kilometer langen Scheiteltunnels zwischen Göschenen und Airolo. Louis Favre, 1826 bei Genf geboren, ein Mann aus einfachen Verhältnissen, der sich beim Bau einiger Brücken und Tunnels verdient gemacht hatte, konnte mit einem besonders günstigen Angebot von rund 56 Millionen Franken die Ausschreibung der Tunnelarbeiten für sich entscheiden – und ließ sich damit auf einen mörderischen Vertrag mit der Bahngesellschaft ein. Obwohl in drei Schichten gearbeitet wurde und im Tagesmitttel 2480 Mann im und außerhalb des Tunnels im Einsatz waren, geriet Favre schon bald nach Beginn der Arbeiten 1872 in zeitlichen Rückstand.

Die Arbeitsbedingungen und die Entlohnung der schwer arbeitenden Männer spotten jeder Beschreibung. Im Tunnel herrschten Temperaturen von bis zu 33 Grad. In den Arbeiterbaracken hausten die Menschen unter geradezu unwürdigen Verhältnissen. Die Stimmung unter den Arbeitern wurde zusehends gereizter. Da kam es am 28. Juli 1875 zum Streik. Louis Favre, durch seinen Vertrag mit der Bahngesellschaft geknebelt, sah seine Felle davonschwimmen und bot der Regierung des Kantons Uri 20 000 Franken für die gewaltsame Niederschlagung des Aufstandes. Diese bewaffnete rund 120 Mann, „allerlei Gesindel, durchwegs Freiwillige, hauptsächlich alte römische und neapolitanische Söldner", und setzte Sie am Nordportal als „Ordnungstruppe" ein. Eine erste Salve ging in die Luft, eine zweite tötete vier Männer und verwundete acht weitere. Hunderte von italienischen Arbeitern flüchteten von der Baustelle über die alte Gotthardstraße in die Lombardei. Bis zu seiner Fertigstellung forderte der Bau des Gotthardtunnels über 300 Todesopfer – die meisten starben aufgrund von Unfällen oder Seuchen. Zu den Opfern kann auch der Bauunternehmer Louis Favre selbst gerechnet werden. Er erlag am 18. Juli 1879 im Alter von 53 Jahren bei der Besichtigung der Arbeiten im nordseitigen Vortrieb einem Schlaganfall. Unbeeindruckt dieser Tragödien nahm die „Gotthardbahn" am 1. Juni 1882 ihren Dienst auf. Euphorisch berichtete der Korrespondent der Illustrierten Zeitung von der „Einweihung der neuen Weltbahn für den friedlichen Völkerverkehr".

Der Große St. Bernhard, der Julier und der Splügen galten schon zu Zeiten der Römer als wichtige Handelsrouten. Der Simplon aber rückte erst zu Zeiten der Postkutsche so richtig in den Brennpunkt des Geschehens. Simplon – auf italienisch mit viel Verve „Sempione" genannt; im Französischen spricht man fast ehrfürchtig von „Le Simplon" – allein schon der Name in den drei Landessprachen verweist auf seine traditionelle Bedeutung im europäischen Verkehr. Napoleon hat das am besten zum Ausdruck gebracht, als er auf der Karte ein Lineal zwischen Lausanne und Mailand legte und feststellte, daß die gerade Linie genau über den Simplon verlief. Während der Brenner, die Bündner Pässe und der Gotthard den Verkehr exakt in der Nord-Süd-Richtung von und nach Italien leiten, bündelt der Simplon die Verkehrsströme aus dem Westen Europas, von England über Frankreich und Flandern, und führt sie nach Oberitalien.

Napoleon befahl am 7. September 1800 den Bau einer großzügig angelegten Fahrstraße über den Simplon, die mit großem Aufwand fünf Jahre später fertiggestellt wurde. Die neue Straße galt als richtungsweisend, war sie doch die erste Kunststraße in den Hochalpen. Besichtigt hat Kaiser Buonaparte „seine" Straße jedoch nur im Modell, denn der leitende Ingenieur hatte ein Relief der Berge mitsamt der neuen Straße anfertigen und nach Paris schicken lassen. Napoleon starb 1821 in der Verbannung ohne den „echten" Simplon je gesehen zu haben.

Nachdem sich die Schweizer 1866 definitiv für den Bau der „Gotthardbahn" entschlossen hatten, verloren die übrigen Alpenbahnprojekte vorübergehend an Aktualität. Auch der Bau einer geplanten „Simplonbahn" von Brig im Wallis ins italienische Domodossola war zunächst in weite Ferne gerückt, obwohl die Eisenbahn zu dieser Zeit von Lausanne kommend schon bis ins Rhônetal vorgestoßen war.

Bald war auch der Anschluß von Lausanne über die französische Grenze hinweg hergestellt und eine internationale Verbindung bis nach Paris aufgebaut. Was lag nun näher, als angesichts der gewaltigen Warenströme zwischen Italien und Frankreich eine Bahn über den Simplon in Angriff zu nehmen? Mehrere Gesellschaften bissen sich in den folgenden Jahren am Simplon die Zähne aus. Immer neue Projekte für einen Basis- oder Scheiteltunnel wurden erarbeitet und wieder verworfen. Schließlich war es der „Jura-Simplon-Bahn“ vorbehalten, nach einem im November 1895 zustande gekommenen Staatsvertrag zwischen der Schweiz und Italien den Bau des großen Simplontunnels zu verwirklichen. Die Arbeiten begannen im Oktober 1898 und wurden am 1. Juni 1906 abgeschlossen, somit war die ersehnte Verbindung nach Mailand hergestellt.

Damit war dieser Paß mit seiner so beeindruckenden Bergwelt von der Eisenbahn bezwungen worden. Das Gros der Reisenden fuhr nun im Tunnel unter dem Berg hindurch. Doch das prickelnde Gefühl des nahenden Südens stellte sich auch bei einer Bahnfahrt ein. Josef Victor Widmann hat es einmal treffend geschildert. „Das Hinabsteigen vom Simplonpaß zähle ich zu meinen schönsten Reiseerinnerungen. Ich will nicht von den kunstvollen Galerien auf der Südseite des Berges reden, nicht von allen den Wasserfällen rechts und links... – wovon ich aber sprechen will, das ist die immer üppiger sich vordrängende Vegetation, die mehr und mehr der Landschaft zum alpinen Charakter die Reize südlicher Zonen verleiht. Schon stehen Nußbäume, reiche Ernte verheißend, mitten in den Tannen, jetzt aber auch zahme Kastanienbäume, die bald zu ganzen Gehölzen und Wäldern sich verdichten. Und ein balsamischer Duft weht mir entgegen. Der Wein blüht; denn bereits gedeihen hier Reben, und auch im Grün der Wiesen treten üppige Formen hervor, die uns ein neues, schöneres Land verkünden. Es braucht dort den granitenen Grenzstein nicht; tausend duftende Kelche haben es verkündet, daß wir in Italien sind...“

Mit der Bahn durchs Rhônetal und unter dem Simplon hindurch hatte die Westschweiz eine gute Verbindung nach Italien erhalten. Doch für die Zentralschweiz hatte der Simplon-Tunnel vorerst keine Bedeutung: Die Berner Alpen lagen wie ein unüberwindlicher Riegel zwischen Bern und dem Wallis. Erst mit der Eröffnung der „Lötschbergbahn“ durch die Bern-Lötschberg-Simplon-Bahn am 15. Juli 1913 zwischen Frutigen und Brig wurde diese Lücke geschlossen. Die neue, 60 Kilometer lange Bahn machte von ihrer Maximalneigung 1:37 auf 23 Kilometer Länge Gebrauch. Der große Tunnel war rund 14,6 Kilometer lang und lag mit seinem Scheitelpunkt auf 1240 Meter Höhe.

Brig an der Nordseite des Simplon-Tunnels wird nicht zu Unrecht die „Drehscheibe des Oberwallis“ genannt. Nicht nur die Simplon-, Lötschberg-, Furka-Oberalp- und die Zermattbahn münden in den Briger Bahnhof. Der Hauptort des Oberwallis ist auch Ausgangspunkt für die Fahrt nach Montreux am Genfer See. Immer der Rhône entlang, die im Deutschwallis „Rotten“ genannt wird, geht die Reise in den französischsprachigen Teil der Schweiz. Über Sierre und Sion ist bald Martigny erreicht. Die Stadt am Rhôneknie ist Ausgangspunkt zweier Privatbahnen in die nach Süden führenden Walliser Bergtäler. So stellt beispielsweise die als „Alpen-Metro“ bezeichneten Meterspurbahn Martigny – Châtelard die Verbindung bis nach Chamonix am Fuße des Mont Blanc her.

Hinter St. Maurice treten die Bergflanken zurück, und das Tal der Rhône weitet sich. Bex und Aigle und die von dort ausgehenden Schmalspurbahnen in die umliegenden Kur- und Ferienorte stehen auf dem Fahrplan. Schon erreichen wir bei Villeneuve den Genfer See. Wer auf der anschließenden Fahrt den Blick auf die weite Fläche des Genfer Sees, die Savoyer Alpen, die Dents du Midi und den Mont Blanc genießen will, wird seinen Sitzplatz auf der linken Wagenseite einnehmen. Mildes Klima prägt die Gestade des Genfer Sees. Schon die Römer entdeckten die hervorragende Lage zum Anbau von Weinreben. In Montreux beginnt die sogenannte Waadtländer Riviera, die sich in Richtung Lausanne am Genfer See entlang zieht. Das Klima ist hier besonders mild – südländische Pflanzen gedeihen vor dem Hintergrund schneebedeckter Berge.

Dem Nordufer des Sees folgend erreicht man Lausanne, die lebhafte und weltoffene Hauptstadt des Kantons Waadt. Dort teilen sich die Bahnstrecken: Eine Linie führt im Norden nach Yverdon am Neuenburger See sowie über Vallorbe ins französische Frasne. Wer jedoch den Genfer See entlang nach Süden fährt, kommt über Morges und Versoix nach Genf, der geschäftigen internationalen Stadt im äußersten Westzipfel der Schweiz.

Doch zurück nach Montreux. Vom Genfer See aus wollen wir auf der Nordseite des Alpenhauptkammes über Zweisimmen, über Spiez, Interlaken und Brienz nach Luzern reisen. In steigungs- und kurvenreicher Fahrt verlassen wir mit den Zügen der „Chemin der fer Montreux-Oberland Bernois“, kurz MOB genannt, die Niederung des „Lac Léman“. Die MOB folgt der unter dem Namen „Golden Pass“ bekannten Voralpentransversale Montreux – Interlaken – Luzern bis nach Zweisimmen und erschließt fünf Regionen: die obere Genferseegegend, das obere Greyerzerland, das Pays d´Enhaut, das Saanenland und das obere Simmental. Zusammen mit anderen Meterspurbahnen ergibt sich ein Netz von rund 140 Kilometern Länge. Zwischen Rougemont und der Station Saanen wird übrigens nicht nur die Kantonsgrenze Waadt – Bern, sondern auch die Sprachgrenze zwischen dem französisch- und dem deutschsprachigen Teil des Saanetales überquert. Schließlich erreicht man – am besten im berühmten „Panoramic-Express“ – nach erlebnisreicher Fahrt, die Endstation der MOB in Zweisimmen.

In Zweisimmen heißt es umsteigen in die normalspurigen Züge der „Simmentalbahn“ (SEZ), die die Verbindung ins 35 Kilometer entfernte Spiez am Thuner See herstellen. Spiez ist wiederum Ausgangspunkt für die „Lötschbergbahn“ über Frutigen und Kandersteg nach Brig. Wir aber folgen dem Ufer des Thuner Sees bis nach Interlaken Ost.

Die letzte Etappe von Interlaken Ost nach Luzern führt uns über die Gleise der „Brünigbahn“. Die meterspurige Strecke ist in zwei Stufen zwischen 1888 und 1916 eröffnet worden. Die 74 Kilometer lange Bahn umfaßt drei insgesamt 9,3 Kilometer lange Zahnstangenabschnitte der Bauart Riggenbach mit Steigungen von bis zu 1:8. Selbst auf den Reibungsabschnitten kommen Neigungen von bis zu 1:14 vor. Der Brünigpaß wird ohne Tunnel auf 1002 Meter Höhe überwunden. Über den Brienzer See und den Sarner See gelangt man mit der Brünigbahn nach Luzern am Vierwaldstätter See, über dessen glitzernder Wasserfläche bereits von weitem die Westflanke der Rigi grüßt.

Südostbahn

Die Anbindung der Ostschweiz an die Gotthardbahn und damit ans Tessin ist im Reisezugverkehr eine Hauptaufgabe der Südostbahn (SOB), die in Arth-Goldau abzweigt und über Rothenthurm durch ein in mehr als 900 m Höhe üNN gelegenes Hochmoor hinunter zur Hauptbahn Zürich – Chur am Zürichsee führt.

Bild oben: Am 23. Juli 1985 erklimmt ein ABe 4/4 der Südostbahn als Regionalzug 3762 von Arth-Goldau nach Einsiedeln mit 80 km/h die 46-Promille-Steigung bei Sattel-Aegeri. Die Triebwagen dieser Baureihe wurden 1939/40 gebaut und zwischen 1979 und 1982 grundlegend modernisiert.

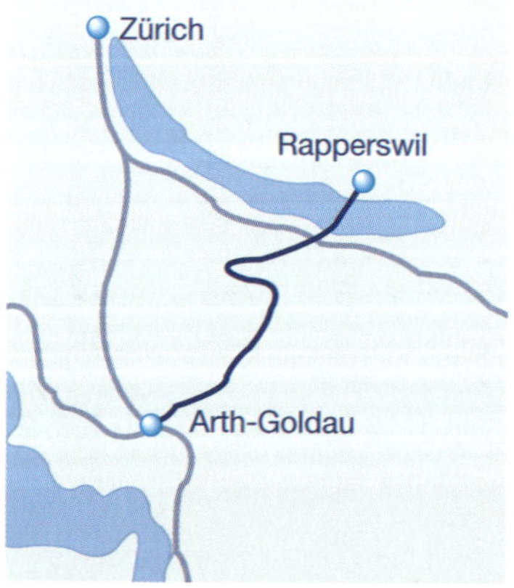

Bild rechts: Noch über 150 Höhenmeter trennen am Abend des 25. Mai 1994 den mit einer Ae 6/6 bespannten, langsam talwärts bremsenden Leereisezug 3769 bei Steinerberg vom Talboden des Schwyzer Kessels und der darin verlaufenden Gotthardbahn.

Auf dem Weg zum Gotthard

Bild oben: Eine Kantonslok der Baureihe Ae 6/6 in neuer, roter Farbgebung hat am 21. Juni 1989 die Aufgabe, den Huckepackzug 42732 (Chiasso – Rielasingen [D]) auf dem Teilstück Erstfeld – Etzwilen zu befördern. Die Aufnahme entstand oberhalb der Ortschaft Arth am Zuger See, dem Fotostandort auf Seite 84 direkt gegenüber.

Bild rechts: Auf einem der landschaftlich eindruckvollsten Abschnitte der Gotthardbahn zwischen Brunnen und Flüelen sind die beiden Richtungsgleise weitgehend voneinander getrennt trassiert. Während das östliche, erst 1948 fertiggestellte Gleis sich fast durchgehend im Tunnel befindet, wurde das westliche, in der Regel für nordwärts fahrende Züge benutzte Gleis (Linksverkehr) kurvenreich am Steilufer des Urner Sees verlegt. Der Streckenabschnitt an der Gumpischbach-Brücke (auf dem Foto vom 24. Juli 1985 mit dem Güterzug 63228) macht daher eher den Eindruck, Teilstück einer Nebenbahn und nicht einer der wichtigsten Magistralen in Europa zu sein.

Bis zur Eröffnung des 15,4 Kilometer langen Furka-Basistunnels im Jahre 1982 verkehrten die Schmalspurzüge der Furka-Oberalp-Bahn (FO) zwischen Realp und Oberwald über die alte Bergstrecke, auf der in den Wintermonaten der Betrieb witterungsbedingt eingestellt werden mußte. Heute muß der Reisende im Glacier-Express auf diesen grandiosen Streckenabschnitt mit Blick auf den Rhône-Gletscher verzichten und sich stattdessen mit einer 15-minütigen Tunnelfahrt begnügen. Mindestens gleichwertigen Ersatz bietet die Dampfbahn Furka Bergstrecke (DFB) mit ihrem Museumsbetrieb.

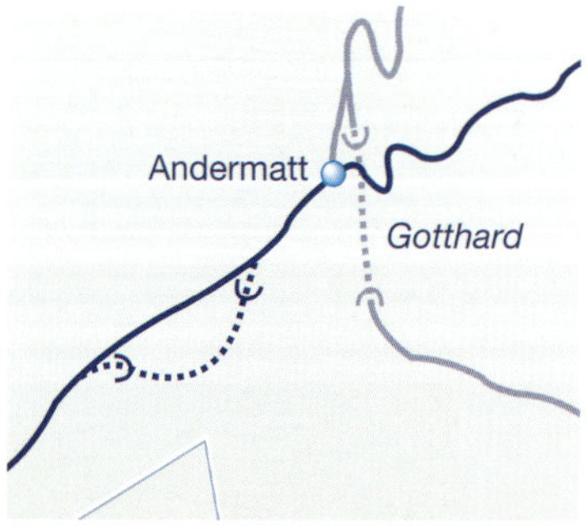

Furka-Oberalp

Bild Links: Selbst im Spätsommer liegt noch Schnee am Westportal des Furka-Scheiteltunnels, den am 28. August 1981 der Glacier-Express 33 von St. Moritz nach Zermatt mit der Hge 4/4 34 gerade verläßt.

Wenige Wochen vor der endgültigen Einstellung des planmäßigen Betriebs auf der alten Bergstrecke im Herbst 1981 herrschte dort ein derartig hohes Verkehrsaufkommen, daß die Schnellzüge zwei- oder sogar dreifach geführt werden mußten und auch die ältesten Fahrzeuge zum Einsatz kamen. Am 29. August 1981 hat die Hge 4/4 32 aus dem Jahre 1941 mit ihrem Entlastungsschnellzug 10030 (Brig – Disentis) den Scheiteltunnel bereits durchquert und befindet sich nun bei Tiefenbach im Tal der Furkareuss. Im Hintergrund ist die Steffenbachbrücke erkennbar, die in jedem Herbst zusammengeklappt und vor der Betriebsaufnahme im Frühjahr wiederaufgebaut wurde.

Über den Gotthard

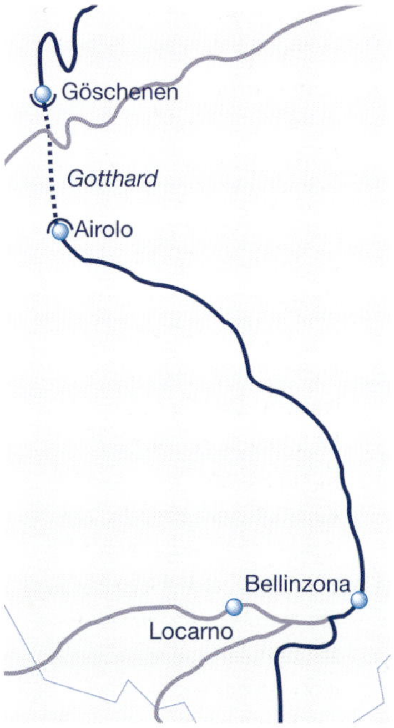

Ab Mitte der siebziger Jahre übernahmen die neu abgelieferten Lokomotiven der Baureihe Re 6/6 mit der ungewöhnlichen Achsfolge Bo´Bo´Bo´ die Beförderung sowohl der Reise- als auch der Güterzüge am Gotthard. Am 15. Mai 1992 überquert die führende Re 6/6 bei Wassen gerade die Meienreuss zum dritten Mal und wird unmittelbar danach im Meienkreuztunnel verschwinden. Die Zwischenlok des Güterzuges, ebenfalls eine Re 6/6, befindet sich währenddessen noch im 1090 Meter langen Leggistein-Kehrtunnel.

Von den italienischen Pendolino-Triebwagen der Baureihe ETR 450 abgesehen werden nahezu alle Reisezüge über den Gotthard von einer Lok der Baureihe Re 6/6 befördert. Güterzüge dagegen sind seit 1994 grundsätzlich mit zwei Lokomotiven bespannt, die bei Bedarf auf den Rampen von einer Druck- oder (inzwischen selten) von einer Zwischenlok unterstützt werden. Zum Einsatz kommen dabei entweder eine Kombination aus je einer Re 4/4$^{II/III}$ und einer Re 6/6 (auch Re 10/10 genannt) oder zunehmend 460-Pärchen. Am 27. Mai 1994 verlassen zwei moderne Umrichterlokomotiven der Baureihe 460 vor einem mit Schrott für Italien beladenen Ganzzug unterhalb der Burg Montebello die Stadt Bellinzona im sonnigen Tessin.

Am Lago Maggiore

In Giubiasco bei Bellinzona zweigt von der Gotthardbahn die eingleisige Strecke nach Luino in Italien ab. Diese landschaftlich einmalige Linie entlang des Lago Maggiore dient nicht nur dem für schweizerische Verhältnisse sehr bescheidenen Regionalverkehr, sondern wird auch von zahlreichen Güterzügen insbesondere des kombinierten Wagenladungsverkehrs in Richtung Novara (I) intensiv genutzt.

Bild oben: Zwei Lokomotiven der Baureihe 460 in Vielfachsteuerung haben am 5. Mai 1995 den Schnellgüterzug 42030 nach Basel in Luino von der FS übernommen und überqueren nahe der Italienischen Ortschaft Maccagno das beschauliche Flüßchen Giona.

Die erste, zwischen 1946 und 1948 gebaute Serie der Baureihe Re 4/4ᴵ erhielt Stirnwandtüren und einen Seitengang für Reisende. Mit einer Vielfachsteuerung ausgerüstet waren die unverwüstlichen Maschinen über nahezu 50 Jahre fast ausschließlich mit Leichtstahl-Pendelzügen im Einsatz. Am 5. Mai 1995 beschleunigt ein bereits rotes Exemplar den Regionalzug 6630 nach einem Halt in Magadino-Vira am Lago Maggiore, um den Anschluß an die Gotthard-Schnellzüge in Bellinzona sicherzustellen.

Bild oben: Südlich des Alpenhauptkamms stellt einzig die schmalspurige Centovalli-Bahn Locarno – Domodossola eine Verbindung zwischen den Magistralen Gotthard und Simplon her und wird gemeinschaftlich von der FART (Schweiz) und der SSIF (Italien) betrieben. Mehr wie ein Straßenbahn-Vollzug wirkt Schnellzug Nr. 80 (Locarno – Domodossola), der am 30. Juli 1996 die beliebte Badestelle am felsigen Fluß Maggia unweit der Touristenhochburg Ascona passiert.

Infolge des geringen Gewichts der ausschließlich eingesetzten, leicht gebauten Triebwagen konnten die großen Stahlbrücken der Centovalli-Bahn leichter konstruiert werden. Unter den Zügen wirken sie fast beängstigend filigran. Am 8. Mai 1995 hat der Schnellzug 71 gerade den italienisch-schweizerischen Grenzbahnhof Camedo verlassen und passiert in schwindelerregender Höhe die Ruinacci-Brücke oberhalb der hier aufgestauten Melezza.

Im Tal der Rhône

Zwischen Simplontunnel und Genfer See folgt die Hauptbahn Mailand – Lausanne dem Lauf der Rhône und ist vorwiegend direkt auf dem Talboden geradlinig trassiert. Lediglich im Bereich des unter Naturschutz stehenden Pfynwaldes zwischen Leuk und Sierre wurde von den Erbauern eine Linenführung am Nordhang des Tales bevorzugt, wobei, wie die Fotos dieser Doppelseite zeigen, bei Salgesch ertragreiche Weinberge durchquert werden.

Bild oben: Der mit einer Ae 4/7 bespannte Postzug 61137 von Sion nach Brig hat am 29. Juli 1991 den Bahnhof Salgesch fast erreicht.
Die luftige Stahlbogenbrücke oberhalb des Tunnels kann als Aquädukt bezeichnet werden, da sie neben einem kleinen Steg in erster Linie die Wasserleitung zur Bewässerung der jenseits der Bahn gelegenen Weinberge trägt.

Wenige Minuten zuvor passiert ein mit einer Re $4/4^{IV}$ bespannter Transitgüterzug von Italien nach Frankreich die Weinberge von Salgesch. Die vier Lokomotiven dieser Baureihe wurden 1982 in Dienst gestellt und fast ausschließlich zwischen Genf und Domodossola vor internationalen Schnellzügen eingesetzt. Da wegen der fortschreitenden Entwicklung der Drehstromtechnik kein Weiterbau erfolgte und diese Baureihe eine Splittergattung darstellte, wurden die vier Loks in einem Tauschgeschäft mit der SOB gegen die gleiche Anzahl Re $4/4^{III}$ ausgewechselt. Seitdem sind sie vor dem Voralpenexpress zwischen Luzern und Romanshorn zu beobachten.

Rivaz
Kambly
460 021-9

Bild links: Die SBB waren eine der ersten Bahngesellschaften, die ihre Neubau-Lokomotiven ganzflächig zur Eigen- oder wie auf dem Bild zur Fremdwerbung nutzten. Leider verlieren dabei die formschönen, vom italienischen Stardesigner Pininfarina gestylten Lokomotiven viel von ihrem eleganten Erscheinungsbild. Ob am 23. August 1997 die junge Dame am Geländer und die Badegäste im Strandbad von Rivaz am Genfer See der vorbeirauschenden Reklametafel vor dem IR 322 (Milano – Genf) die gewünschte Beachtung schenken, bleibt ungeklärt.

Bild oben: Dem Bahnreisenden von Bern nach Lausanne eröffnet sich nach einstündiger Fahrt durch eine reizende Hügellandschaft hinter dem Tunnel bei Puidoux-Chexbres plötzlich aus einer Höhe von mehr als 200 m ein faszinierender Blick auf den Genfer See und die Französischen Alpen. Der Schnellzug 1876 besteht am 22. August 1996 aus einer geschobenen EW III-Garnitur, die (allerdings ohne Steuerwagen) in den siebziger Jahren mit passiver Neigetechnik und automatischer Kupplung ausgestattet, weit über die Schweizer Grenzen hinaus bekannt war.

Golden Pass

Die touristisch stark frequentierte „Golden-Pass-Route“ von Montreux am Genfer See über Interlaken am Thuner und Brienzer See nach Luzern am Vierwaldstätter See wird von drei Bahngesellschaften auf zwei verschiedenen Spurweiten betrieben. Für die westliche Teilstrecke ist die schmalspurige MOB (Montreux – Oberland Bernois) zuständig, deren drei verschiedene Panoramic-Expresszüge weltberühmt sind. Im Nahverkehr werden aber ältere, konventionelle Triebwagen eingesetzt. Am 22. Juli 1990 verläßt ein BDe 4/4 als Regionalzug 435 nach Lenk das feudale Touristenstädtchen Gstaad.

Im Berner Oberland

Während sowohl das westliche als auch das östliche Teilstück der „Golden Pass – Route“ als Meterspur trassiert ist, gehört der Mittelabschnitt zwischen Zweisimmen und Interlaken der normalspurigen BLS (Bern-Lötschberg-Simplon-Bahn).
Dank der Regelspur wird das Touristenzentrum Interlaken auch von zahlreichen Fernzügen angefahren. Am 10. August 1997 hat der ICE 73 aus Berlin Spiez am Thuner See gerade verlassen und wird in 20 Minuten seinen Zielort am Ende des Sees erreichen.

Bild links: In Spiez wird die „Golden-Pass-Route“ von der Lötschbergbahn gekreuzt, die ebenfalls von der BLS betrieben wird. Sie lädt ein zu einem Abstecher nach Süden, die Nordrampe hinauf. Die mit Gleichrichter und Wellenstrommotoren ausgestatteten, ab 1964 gebauten Lokomotiven der BLS-Baureihe Re 4/4 bewährten sich unter den extremen Einsatzbedingungen der Lötschbergbahn so gut, daß noch 1983 – im beginnenden Zeitalter der Drehstromloks – noch sechs Exemplare nachbeschafft wurden. Bis Mitte der neunziger Jahre war sie am Lötschberg die Standardlok für Reise- und Güterzüge. Am 2. August 1990 begegnet dem IC 1439 (Winterthur – Brig) ein doppelt bespannter Güterzug.

Bild rechts: Die Bergwelt südlich des Touristenzentrums Interlaken wird fast ausschließlich durch die Eisenbahn erschlossen, zumal einige Ortschaften über die Straße nicht erreichbar sind. Die meterspurige BOB (Berner Oberland-Bahnen) bringt die Touristenscharen zunächst in langen Zügen nach Grindelwald oder, wie auf dem Foto vom 5. August 1991 mit einem ABeh 4/4-Triebwagen, nach Lauterbrunnen. Dort besteht jeweils Anschluß an die Zahnradtriebwagen der WAB, die auf 800-mm-Spur bis zum Bahnhof Kleine Scheidegg (2061 m üNN) mit Anschluß an die meterspurige Jungfraubahn verkehren.

Ins Emmental

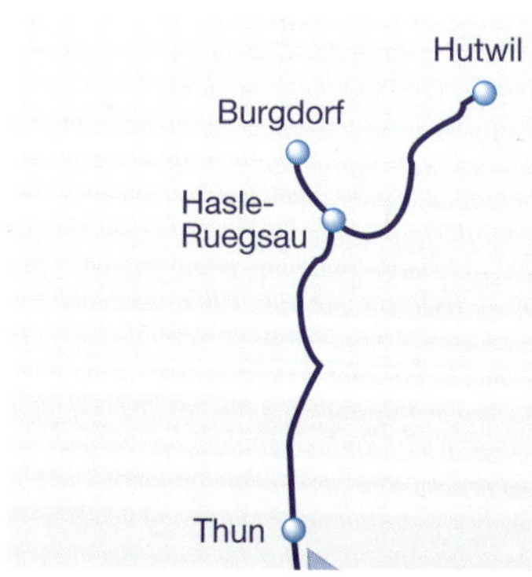

Touristisch weit weniger erschlossen ist das nördlich der Hochgebirgsregion gelegene Emmental mit einem dem Allgäu sehr ähnlichen Landschaftsbild. Die verschiedenen Bahngesellschaften des hier weit verzweigten Schienennetzes haben sich 1997 zum „Regionalverkehr Mittelland" zusammengeschlossen. Das Foto vom 8. August 1997 zeigt bei Gammenthal die Kurswagengruppe Bern – Huttwil im abendlichen Pendlerverkehr, die zuvor bereits in zwei anderen Zügen befördert wurde. Es führt einer der vier Gepäcktriebwagen der EBT-/VHB-Baureihe De 4/4. Aus den acht, im Rahmen der Elektrifizierung der Emmentalbahn 1932 beschafften Triebwagen BDe 2/4 wurden sie 1980/81 in eigener Werkstätte umgebaut.

Über den Brünigpaß

Das östlichste Teilstück der „Golden-Pass-Route" zwischen Interlaken und Luzern ist identisch mit der einzigen Schmalspurbahn der SBB, der Brünig-Bahn. Der Zahnrad-Gepäcktriebwagen Deh 4/6 (Baujahr 1941), der den Schnellzug 2461 aus Interlaken ab der Spitzkehre in Meiringen übernommen hat, hat am 27. Juni 1989 über den Brünigpass Vorspann durch eine der beiden Zahnrad-Lokomotiven HGe 4/4 bekommen. Der Zug befindet sich bereits auf der Talfahrt bei Lungern am gleichnamigen See.

Zurück an die Isar: Über Lindau und Reutte nach München

Eine Achse schlagen von Luzern nach München ist die Aufgabe. Vom Vierwaldstätter See an die Isar. Doch was haben die beiden Städte schon gemein außer einer vertrackten Bahnverbindung? Immerhin könnten böse Zungen behaupten, die Biermaß stemmenden Bayern seien ebenso verwunderlich wie die Alphorn blasenden Schweizer. Auf keinen Fall vergessen darf man bei derlei philosophischen Betrachtungen die Vorarlberger, die wir doch immerhin im „Transit" von St. Margarethen über Bregenz nach Lindau berühren. Und so bekommt unsere Eisenbahnreise entlang des nördlichen Alpenrandes geradezu internationalen Charakter.

Luzern, die Hauptstadt des gleichnamigen Kantons, liegt an der nordwestlichen Bucht des Vierwaldstätter Sees. Den Eisenbahnfreund werden in der traditionsreichen Stadt mit ihren historischen Bauten und der berühmten Kapellbrücke vor allem das Verkehrshaus und seine Sammlungen interessieren. Wer hoch hinaus will, der setzt über den See nach Vitznau, wo schon die Zahnradbahn auf den 1750 Meter hohen Rigi wartet. Sie wurde als erste Zahnradstrecke Europas 1873 vom berühmten Ingenieur Nikolaus Riggenbach erbaut. Auch ansonsten hat die Gegend um Luzern in Sachen Eisenbahn viel zu bieten: Da gibt es beispielsweise die „Luzern-Stans-Engelberg-Bahn", die in den auf einer Höhe von rund 1000 Metern gelegenen Sommer- und Winterkurort Engelberg führt. Und wer nach soviel Eisenbahn auch mal etwas anderes erleben möchte, dem sei eine Fahrt auf dem Vierwaldstätter See angeraten, wo zwischen Juni und September ebenso wie auf einigen anderen Seen der Schweiz planmäßig Dampfschiffe verkehren.

Wir verlassen Luzern in Richtung Nordosten, folgen dem Tal der Reuss, lassen den Zuger See in einiger Entfernung rechts liegen und eilen Zürich entgegen. Bern ist die Hauptstadt, Zürich jedoch gilt als größte Stadt der Schweiz und zugleich als kulturelles und wirtschaftliches Zentrum. Auch eisenbahntechnisch hat Zürich einiges zu bieten. So wurde 1990 nach einigen Tunnelbauten die erste Schweizer S-Bahn in Betrieb genommen, die im Halbstunden- und Stundentakt das Umland mit Zürich verbindet. Die meisten Züge werden im neuen Tunnelbahnhof „durchgebunden" und stellen damit Direktverbindungen mit den beiderseitigen Kantonsteilen her. Doch nicht quirlige Metropolen, sondern die Landschaften der Alpen sind unser Thema, deshalb verlassen wir Zürich – mit einem der modernen EuroCity-Züge, die eine Direktverbindung nach München herstellen.

Diese internationalen Schnellzüge fahren inzwischen über Zürich Flughafen und Effretikon nach Winterthur, das durch seine traditionsreiche

Bild links: Fast ausnahmslos, von wenigen ÖBB-Leistungen abgesehen, in der Hand der Münchner 111 sind die Reisezüge auf der „Mittenwaldbahn" (München – Garmisch-Partenkirchen – Mittenwald). In Nähe der Schmalenseehöhe zwischen den Bahnhöfen Klais und dem Endpunkt des E 3601 in Mittenwald hat die 111 210 am 24. Mai 1994 den Scheitelpunkt der Strecke bereits erreicht, sie rollt nun vor dem mächtigen Karwendelgebirge ihrem Zielbahnhof im Isartal entgegen.

Lokomotivfabrik berühmt wurde. Über Wil erreichen wir in schneller Fahrt St. Gallen. Interessante Alternative zwischen Luzern und St. Gallen ist übrigens der sogenannte „Voralpen-Express" auf Gleisen der SBB, der „Bodensee-Toggenburg-Bahn" und der Schweizerischen Südostbahn, der sich seinen Weg durch die ländlichen Gegenden der Kantone Appenzell und Schwyz sucht. Man fährt von Luzern über Arth-Goldau, Rapperswil, Wattwil und Herisau nach St. Gallen. Dabei lernt man nicht nur den Zuger See und den Zürich-See kennen, sondern auch den beeindruckenden Viadukt über die Sitter in der Nähe von St. Gallen mit einer Gesamtlänge von 365 Metern und einer Höhe von 99 Metern. Die verständlicherweise etwas längere Fahrzeit des „Voralpen-Express" wird mit zahlreichen lohnenden Ausblicken entschädigt.

Und überhaupt: St. Gallen, das Zentrum der Ostschweiz. Raus aus dem Zug, rein in das Kloster! Auch wer sich hauptsächlich für landschaftliche Schönheiten interessiert, der sollte auf keinen Fall die Stiftskirche mit dem schönsten Rokkokosaal der Schweiz, einem Kleinod von Weltrang, versäumen. Sehenswert auch die herrlichen Bauten und Ensembles aus Gründerzeit und Jugendstil, die in der Altstadt südöstlich des Bahnhofes, im Steinach- und im Sittertal erhalten sind.

Nun ist es nicht mehr weit zum Bodensee, auf den wir in Rorschach stoßen. Weit schweift der Blick hinaus auf die Wasserfläche, an deren Horizont das deutsche Ufer zu ahnen ist. Der Bodensee ist der größte Binnensee in Mitteleuropa. Er verbindet und trennt gleich drei Staaten: Deutschland, Österreich und die Schweiz. Doch mit der Grenze nimmt es hier niemand so genau. Ihr exakter Verlauf im See ist noch immer nicht genau bestimmt. Und das wiederum paßt ganz gut zu dieser Gegend. Denn wo ein mildes, fast mediterranes Klima herrscht, hat sich auch eine etwas gelassenere Einstellung zum Leben entwickeln können.

Der deutsche Lyriker und Erzähler Eduard Mörike schrieb einmal über den Bodensee: „Denk ich an ihn, gleich wird mir die Seele so weit wie sein lichter Spiegel..." Dabei kann der See durchaus auch seine unangenehme Seite zeigen. Im Sturm oder im Nebel etwa, der hier oft wie ein schweres Tuch über dem Wasser und dem Land lastet. Oder das seltene Naturereignis des gänzlich zugefrorenen Sees, das – jahrhundertelange Aufschreibungen beweisen es – nur zwei bis dreimal in einem Jahrhundert vorkommt. Die Ballade von Gustav Schwab erzählt davon: Ein fremder Reiter will im Winter in dringenden Geschäften an den See. Er reitet über ein weites flaches Land, wo die Wasserhühner emporflattern, und als er bei den ersten Lichtern ankommt, erfährt er, daß er soeben über den zugefrorenen See geritten ist. Dem Reiter „stocket" das Herz, und es „sträubt sich sein Haar, dicht hinter ihm grinst noch die grause Gefahr" – er sinkt tot vom Roß. Die Geschichte hat einen wahren Kern. Doch der Bote, der im Januar 1573 über den gefrorenen See ritt, fiel nicht vor Schreck vom Pferd, sondern kehrte in einem Überlinger Gasthof ein, wo er dem Bodensee-Wein tüchtig zusprach. Und das wiederum paßt eher zum Gemüt der Menschen am Bodensee.

Hinter St. Margrethen treffen wir einen alten Bekannten: den Rhein. Zuletzt hatten wir ihn auf unserer Fahrt mit der Rhätischen Bahn von Chur nach Disentis durch das Vordere Rheintal in Graubünden gesehen. Inzwischen, mächtig herausgeputzt, macht er sich bereit zu seiner Vermählung mit dem Bodensee, in den er zwischen St. Margrethen und Bregenz mündet.

Mit dem Rhein überschreiten wir auch die Grenze ins österreichische Vorarlberg. Von den drei Anrainer-Staaten hat Österreich den geringsten Anteil am See. Vielleicht machen die Vorarlberger gerade deshalb soviel Schauspiel darum – nämlich auf der Seebühne in Bregenz. Alljährlich schwingen sich die Bregenzer Festspiele zum kulturellen Höhepunkt am Bodensee auf. Aus bescheidenen Anfängen im Jahr 1946 hat sich die Veranstaltung zu einem Ereignis von Rang entwickelt: Musikalische Raritäten im Rahmenprogramm und Spektakuläres auf der Seebühne: Die Spiele sind bekannt für ihre Show-Effekte. Auf unserer Fahrt in Richtung Lindau sollten wir in Fahrtrichtung links nach der Bühne im See Ausschau halten – womit wir uns übrigens auch den Anblick des neuen Bregenzer Bahnhofsgebäudes ersparen, was als betonierte Notwendigkeit wahrlich nicht unter die Kategorie „Kunst" einzuordnen ist.
Wie altmodisch-liebenswürdig war da hingegen der alte Bregenzer Bahnhof. Auf dem ersten Gleis warteten stets die tuckernden kleinen Diesellokomotiven der „Waldbahn" auf ihre Fahrgäste in Richtung Bezau im Bregenzer Wald. Doch eben diese wurden immer weniger, und schließlich machte ein Felsrutsch der Schmalspurbahn mit ihren 760 Millimetern Spurweite den Garaus. Doch immerhin: Ein Reststück zwischen Bersbuch und Bezau wird heute wieder als Museumsbahn betrieben und zeugt von alter Wälderbahnherrlichkeit.

Doch zurück an den See. Auf eingleisiger Strecke überqueren wir die Grenze nach Deutschland und rollen am Ufer entlang Lindau entgegen. „Glückseliges Lindau" schrieb Friedrich Hölderlin, der 1801 die Alpen bereiste und mit dem Ruderboot über den See setzte. Dem Anblick der Stadt im See setzte er in seiner Elegie „Heimkunft" ein Denkmal. Und noch heute hat Lindau nichts vom Charme vergangener Zeiten verloren. Beiderseits der Gleise schweift der Blick hinaus auf die glitzernde Wasserfläche, auf der sich Boote, Schiffe und Surfer tummeln. Schon die Schalterhalle des altehrwürdigen Empfangsgebäudes atmet die elegante Atmosphäre eines traditionsreichen Ferienortes. Wer hinaustritt aus diesem Vestibül, hinein in die stille Idylle der engen Gassen und romantischen Winkel der Stadt, der wird die Euphorie Hölderlins verstehen. Und dann der Hafen: Flankiert vom Leuchtturm und dem Bayrischen Löwen, eingerahmt von mondänen Hotels und Cafés liegen die Schiffe der Weißen Flotte bereit zu einer Rundfahrt.

Die Schiffahrt auf dem Bodensee kann auf eine lange Geschichte zurückblicken: Schon 1817 unternahm ein Mechaniker aus Konstanz die ersten Versuche mit einem Dampfschiff. Seine „Stephanie" litt an allerhand technischen Unzulänglichkeiten und erhielt bald den Spottnamen „Steh, fahr nie". Doch schon bald nach diesen anfänglichen Schwierigkeiten etablierten Deutschland, Österreich und die Schweiz regelmäßige Dampfschiffkurse. Lange Zeit wurden sogar Trajektdienste unterhalten, die den Transport von Eisenbahnwagen über den See besorgten. Die majestätischen Dampfschiffe, die mit langer Rauchfahne über das Wasser des Sees zogen, gehörten viele Jahre zum gewohnten Bild – bis 1967 mit der letzten Fahrt der schweizerischen „Schaffhausen" die Ära der planmäßigen Dampfschiffahrt auf dem Bodensee zu Ende ging. Heute erinnert die unlängst wieder in Betrieb genommenen „Hohentwiel" an die goldenen Dampfer-Zeiten. Dieser elegante Halbsalondampfer, der 1913 für die Königlich Württembergische Staatseisenbahn gebaut wurde, pflügt als aufwendig restauriertes Schmuckstück bei Ausflugsfahrten durch den Bodensee.

Der repräsentative Lindauer Inselbahnhof entstand Mitte des 19. Jahrhunderts im Zusammenhang mit dem Bau der ersten bayerischen Fernbahn, die zu Ehren des Königs „Ludwig-Süd-Nord-Bahn" getauft wurde. Über 560 Kilometer lang war die Verbindung zwischen Hof im Norden über Nürnberg, Augsburg und Kempten bis nach Lindau im Bodensee. Dabei wurde auch der Hafen nach Plänen des Architekten Eduard Rüber gestaltet. Auf diese Weise entstand unter anderem der berühmte Bayerische Löwe an der Hafeneinfahrt, der seinen stoischen Blick auf den See hinaus richtet und – einer Legende zufolge – sein Hinterteil absichtlich der bayerischen Landeshauptstadt entgegenstreckt.

Tatsächlich ist München noch weit. Deshalb sollten auch wir keine Zeit verlieren. Mit einem der zahlreichen Züge in Richtung Kempten verlassen wir das mediterrane Lindau und erklimmen in engen Kurven die Höhen des Allgäus. Zunächst geht die Fahrt durch liebliche Streuobstwiesen, vorbei an Apfel- und Birnbäumen, die den wertvollen Rohstoff liefern für die hochprozentigen Schnaps-Spezialitäten der Bodenseeregion.

Doch mit jedem Meter, den wir an Höhe gewinnen, wird das Klima rauher. Nur 28 Kilometer Luftlinie trennen Lindau und den bekannten Schroth-Kurort Oberstaufen. Die Bahn aber muß nicht weniger als 51 Kilometer ausholen um die 390 Meter Höhenunterschied zur Wasserscheide zwischen Donau und Rhein zu überwinden. In mühsamer Kleinarbeit mußten Männer und Frauen Mitte des 19. Jahrhunderts mit Schaufel und Pickel dem Allgäuer Bergland die Trasse der „Ludwig-Süd-Nord-Bahn" abtrotzen. Nur mit Hilfe zahlreicher Brücken, Dämme und Einschnitte gelang es, die unruhige Topographie zu bezwingen. Entlang des nördlichen Randes der Allgäuer Alpen, im Schatten von Hochgrat und Grünten, vorbei am Alpsee, vorbei an Immenstadt, wo die Nebenbahn nach Oberstdorf abzweigt, erreichen wir Kempten, die „Metropole des Allgäus". Schon die Römer gründeten hier eine Garnisonsstadt namens „Cambodunum" – seither wetteifert Kempten mit dem rheinland-pfälzischen Trier um das Prädikat „älteste Stadt Deutschlands". Die zweigleisige Hauptstrecke führt von Kempten aus weiter über Kaufbeuren und Buchloe nach München. Wir aber schlagen wieder den Weg in Richtung Berge ein und rollen mit einem der tutenden Dieseltriebwagen auf der Nebenbahn in Richtung Reutte in Tirol.

Wer an das Allgäu denkt, der denkt an grüne Wiesen, braune Kühe, Ferien auf dem Bauernhof, sonnige Winter und lange Skipisten. Mitten durch solche Bilderbuchlandschaften bahnen sich die Züge hier ihren Weg. Wie an einer Schnur reihen sich die Perlen Allgäuer Ferienziele entlang des Schienenstrangs auf: Im Jodbad Sulzbrunn finden allerlei Krankheiten ihre Linderungen. Die Luftkurorte Oy und Nesselwang laden zum Aufenthalt ein. Schließlich Pfronten, der berühmte Wintersportort, der aus 13 Ortsteilen besteht.

Wir reisen im Triebwagen über die Grenze hinweg ins österreichische Außerfern. Am Haltepunkt Ulrichsbrücke nähert sich unsere Strecke bis auf wenige Kilometer der Stadt Füssen und den Schlössern des bayerischen Königs Ludwig II.

Nächster Halt: Reutte. „Außerfern, vom oberen Lech entwässertes Gebiet im Nordwesten Tirols, zwischen Allgäuer und Lechtaler Alpen, Hauptort Reutte". So heißt es lapidar im Lexikon über jenes landschaftlich so reizvolle Gebiet, durch das uns die Züge in Richtung Garmisch-Partenkirchen bringen. Auf unserer Alpenrundfahrt schlagen wir einen letzten Bogen durch Österreich bevor wir zum Endspurt auf München ansetzen.

Die Zugspitze gilt mit 2961 Metern als höchster Berg Deutschlands. Doch kaum eine Höhenangabe kann den majestätischen Eindruck ermessen, den das Felsmassiv auf den Betrachter im Tal ausübt. Nicht umsonst wurde der Berg bereits früh für den Tourismus erschlossen – unter anderem durch die bekannte Bayerische Zugspitzbahn, die seit 1930 Garmisch-Partenkirchen mit dem Schneefernerhaus verbindet. Mit Hilfe einer Riggenbachschen Zahnstange überwinden die Triebwagen auf ihrem 1000-Millimeter-Schmalspurgleis einen Höhenunterschied von knapp 2000 Metern.

Die „Außerfernbahn" von Reutte über Ehrwald nach Garmisch entstand im Zusammenhang mit der sogenannten „Karwendelbahn". Ende des 19. Jahrhunderts waren alle wichtigen Fernbahnen Österreichs fertiggestellt. Von Innsbruck aus rollte der Verkehr bereits über Kufstein nach München. Doch der bereits damals einsetzende Fremdenverkehr verlangte nach weiteren Schienenwegen von Tirol nach Bayern. Eine Verbindung über Seefeld, Mittenwald und Garmisch nach München bot sich an. So entstand zwischen 1907 und 1913 an den Abhängen des Karwendelgebirges eine der spektakulärsten Gebirgsbahnen der Alpen. Mit Steigungen von bis zu 36 Promille sowie mit Hilfe von Tunnels, Galerien und Brücken wurde auf den 21 Kilometern zwischen Innsbruck und Seefeld eine Höhendifferenz von 604 Metern gemeistert.

Heute sind die durchgehenden Regionalzüge zwischen Innsbruck und München vor allem bei Skifahrern, Wanderern und Urlaubern besonders beliebt. Kein Wunder, denn nicht nur in den Ferienorten Seefeld, Klais, Mittenwald und Garmisch macht der Zug Station. Das Gebiet beiderseits der Strecke nach München zählt zu den bevorzugten Erholungs- und Urlaubsgebieten im sogenannten Oberland. Walchen-, Kochel- und Staffelsee laden zum Baden ein. Von Murnau aus verkehren Anschlußzüge in den Passionsspielort Oberammergau, und von Tutzing aus gelangt man über Benediktbeuren nach Kochel.

Schon sind wir im S-Bahn-Bereich von München. Da taucht rechter Hand die Wasserfläche des Starnberger Sees auf. Der 20 Kilometer lange und knapp fünf Kilometer breite See gilt als beliebtestes Ausflugsziel der Münchner. Entsprechend quirlig ist das Leben an den Seepromenaden. In Starnberg selbst halten die S-Bahnen direkt am Ufer; nur wenige Meter entfernt warten die Ausflugsschiffe.

München kommt näher. Ein letzter Halt in Pasing. Dann kommt der Zug im Hauptbahnhof der bayerischen Landeshauptstadt zum Stehen. Unsere Bahnreise durch die Alpen geht zu Ende: Von Luzern über Zürich, Lindau, Kempten, Pfronten, Reutte, und Garmisch-Partenkirchen nach München? Zugegeben: Es gibt einfachere und schnellere Verbindungen. Doch wer fährt schon durch die Berge nur um anzukommen? Der Weg ist das Ziel.

Aus den Schweizer Alpen ins Allgäu

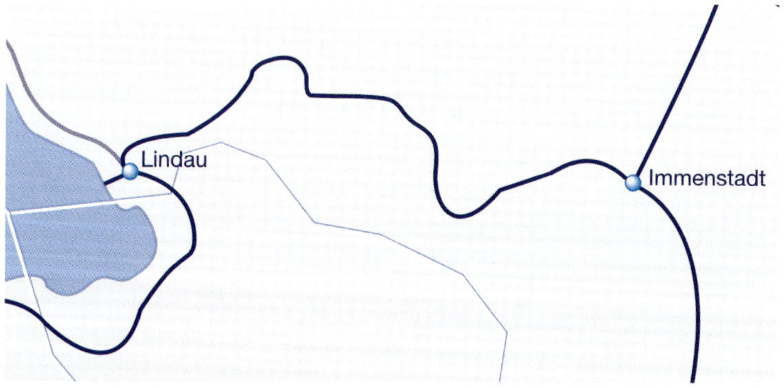

Am Abend des makellosen 16. Juni 1996 verlassen die beiden Mühldorfer 218 357 und 218 340 weit abseits ihrer Heimatdienststelle mit dem EuroCity 93 (Zürich – München) den Bahnhof von Lindau. Wenige Minuten zuvor haben die Reisenden den Damm zwischen dem Festland und dem Inselbahnhof schon einmal befahren, allerdings in der Gegenrichtung und bespannt mit einer Ellok der Baureihe RE 4/4 der SBB.

Rund siebeneinhalb Jahre zuvor benutzte der EuroCity 92 (München – Zürich) nicht wie heute die eingleisige Strecke über Memmingen nach Lindau, sondern wurde via Kempten und Immenstadt über die „Allgäubahn" geleitet. Bespannt mit den beiden Dieselloks 218 402 und 218 424 hat der Zug am 18. Januar 1989 den bekannten Urlaubsort Oberstaufen im Allgäu passiert und strebt dem Bahnhof von Röthenbach entgegen.

Bild links: Als Leertriebwagen von Lindau nach Kempten anzutreffen ist am Morgen des 3. Juni 1983 der Kemptener 628 002. Bedingt durch Bauarbeiten im 189 Meter langen Oberstaufener Tunnel, dem einzigen auf der „Allgäubahn", befährt der Zug als Falschfahrt das Richtungsgleis Lindau. Der Alpsee wird zu diesem frühen Zeitpunkt noch von keinem Wassersportler bevölkert.

Bild oben: Zwischen Oberstaufen und der Blockstelle Ratholz ist im abendlichen Streiflicht ein Kemptener 628.0 von Lindau nach Kempten unterwegs, gerade noch rechtzeitig vor dem frühen Sonnenuntergang am 23. Oktober 1980 durcheilt der Triebwagen den kleinen Ort Thalkirchdorf.

Entlang der Allgäubahn

Zu Erprobungszwecken war für kurze Zeit im März 1994 eine modernisierte Diesellok der Baureihe 229 der ehemaligen Deutschen Reichsbahn zwischen München und Oberstdorf eingesetzt. Bespannt wurden einige InterRegio-Züge in dieser Relation; Ziel war der Test, anstatt der planmäßigen 218-Doppeltraktion die schweren Züge durch das Allgäu mit nur einer Lok zu befördern. Auf der Rückfahrt nach Kempten befindet sich am 27. März 1994 die 229 199 wenige Minuten nach Verlassen des Bahnhofs Immenstadt vor dem IR 2167.

Unter der Bezeichnung „Stuttgarter Rößle“ belebt der ehemalige Fernetriebwagen VT 12 506 im Musumsbestand der Deutschen Bahn AG immer wieder die Triebfahrzeugmonotonie auf den Strecken des Allgäus. Bei Martinszell bietet sich den Fahrgästen des DZT 28177 (Lindau – Schaftlach) am 17. Juni 1996 dieser Blick in die Allgäuer Bergwelt und auf den Niedersonthofener See.

Unweit des ehemaligen Haltepunktes Ratholz zwischen Immenstadt und Oberstaufen fährt die Kemptener 218 407 entlang des malerisch in die Landschaft gebetteten Alpsees. Am 23. Oktober 1980 kündigen die bereits verschneiten Allgäuer Alpen den baldigen Einzug des Winters an, im herbstlichen Talgrund werden die Kühe dennoch einige weitere Zeit auf den Weiden verbringen können.

Großes Bild Seite 120/121: Zu einem traumhaften Frühlingstag entwickelte sich der 3. Mai 1997, schon die erste Aufnahme an diesem Morgen entschädigte für eine kurze Nacht. Mit dem InterRegio 2161 (Kempten – Hof) haben die beiden 218 vor kurzem Kempten Hbf verlassen und mühen sich nun die bekannte Günzacher Steige hinauf bis zum Scheitelpunkt auf 801 Meter Seehöhe im Bahnhof Günzach, der Zug befindet sich in der Nähe von Wilpoldsried.

Bild oben: Längst verschwunden von der „Allgäubahn“ sind die formschönen Dieselloks der Baureihen V 200(.1). Um so erfreulicher ist am 17. Dezember 1983 der Einsatz der 220 009 vor dem Sonderzug D 20125 (Lindau – München), der sich zwischen Buchloe und Geltendorf unweit Epfenhausen befindet und seinem Ziel München entgegenstrebt. Für die Reisenden ergibt sich der Panoramablick auf die Bayerischen Alpen, markanteste Erhebung ist die Zugspitze.

Nochmals im Bild festgehalten wurde 229 199 am 27. März 1994, diesmal auf dem eingleisigen Abschnitt zwischen Immenstadt und Oberstdorf. Zwischen Altstädten und Fischen bringt die Maschine den IR 2603 (Dresden – Oberstdorf) dem Zielbahnhof in den Allgäuer Alpen entgegen, im Hintergrund erhebt sich der Grünten.

Seit Mai 1996 ist die S 3/6 3673, zur Zeit einzige betriebsfähige Vertreterin dieser altehrwürdigen bayerischen Schnellzugdampflokomotive, vor Sonderzügen wieder im Einsatz. Der 13. Juli 1996 führte sie über die „Allgäubahn“ nach Lindau am Bodensee. Auf der Rückfahrt nach München durchfährt die Lok scheinbar spielerisch die lange Steigung der berüchtigten Günzacher Steige.

Nur an Wochenenden verkehrt das zwischen Stuttgart und Oberstdorf verkehrende Zugpaar RE 3605/3620, aufgrund des starken Ausflugsverkehrs werden die Züge mit Doppelstockwagen gebildet. Bereits wieder auf der Heimfahrt in die Schwabenmetropole ist am 8. August 1998 der RE 3620, bespannt an der Zugspitze mit der 218 241, am Zugschluß eingereiht ist die 218 154. Nochmals bietet sich den Fahrgästen der Blick auf Rubi- und Nebelhorn.

Trotz der nur eingleisigen Streckenführung zwischen Oberstdorf und Immenstadt verkehren auf dieser Strecke neben Fernverkehrs- und zahlreichen RegionalExpreßzügen zusätzlich noch einige Regionalbahnen. Zu den hochwertigen Zügen zählt der IC 714 (Oberstdorf – Dortmund), am 3. Mai 1997 ist er mit der 218 474 unweit des Bahnhofs Altstädten bespannt.

Bild links: Zum Haupteinsatzgebiet der Kemptener Triebwagen der Baureihe 628.2 zählt die landschaftlich ausgesprochen reizvolle eingleisige Stichbahn von Kaufbeuren nach Füssen. Dorthin unterwegs ist am 2. Dezember 1989 von Augsburg kommend ein Triebwagen als N 6762, er hat vor kurzem den Bahnhof von Weizern-Hopferau verlassen, deutlich ist der Unterschied zwischen Steuer- und Triebwagen zu erkennen.

Bild oben: Winzig erscheint vor der Silhouette der Thannheimer Gruppe der Solo-Triebwagen 627 101 als N 6757 (Füssen – Augsburg) auf seiner Fahrt am 27. Oktober 1988 zwischen dem Bahnhof Lengenwang und dem Haltepunkt Leuterschach. Die Sitzplatzkapazität dieses Fahrzeuges reicht zur verkehrsschwachen Vormittagszeit während der Woche sicherlich aus, an Wochenenden dürfte es im Zug „ein klein wenig“ beengter sein.

Vom Allgäu gen Außerfern

Bild links: Diesellokomotiven der Baureihe 218 gehören zum alltäglichen Bild auf der Kursbuchstrecke Füssen – Buchloe, allerdings geschieht dies heute mit nordwärts geschobenen Steuerwagen. Am 30. Dezember 1989 ist davon noch keine Rede, mit der 218 472 erreicht der E 3925 (Füssen – Augsburg) bald den Bahnhof von Lengenwang.

Bild rechts: Zur Zeit der Aufnahme am 24. Juli 1993 ist der 628 021 alleiniger Vertreter seiner Baureihe in der Farbgebung weiß und mint-türkis. Als Regionalzug 5478 ist er von Pfronten-Steinach auf dem Weg nach Kempten (Allg) Hbf, bei Pfronten-Ried hat er gerade zwei Kilometer seiner Gesamtstrecke zurückgelegt.

Die Aufnahme dieser Doppelseite sind der „Außerfernbahn“ (Kempten – Reutte [Tirol] – Garmisch-Partenkirchen) gewidmet: Kleiner Zug vor großem Berg. Vor dem gewaltigen Zugspitzmassiv präsentiert sich der 5047 030 als Regionalzug 5418, aufgenommen am 31. Oktober 1993 unmittelbar vor dem Bahnhof Lermoos.

Im Winterfahrplan 1992/93 gehörten die ehemaligen TEE-Lokomotiven der Baureihe E 10.12 zu den ständigen Gästen auf dieser Bahnstrecke. Bei Bad Kreckelmoos, unweit von Reutte in Tirol, erklimmt am 26. Dezember 1992 vor dem Säuling die 113 268 mit ihrer kurzen Wagengarnitur als R 5417 den langen Anstieg hinauf nach Bichlbach-Berwang auf 1012 Meter Seehöhe.

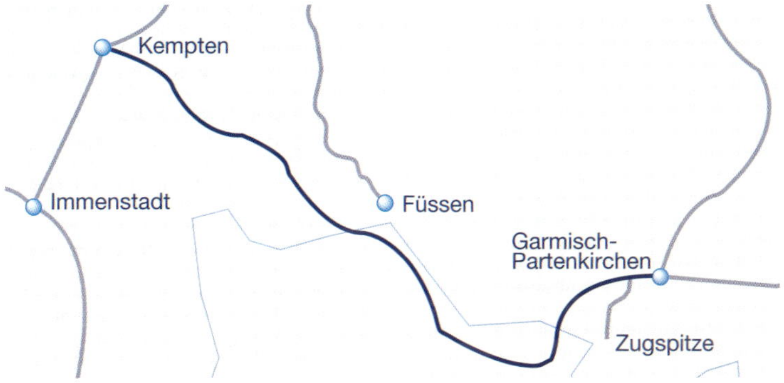

Der 23. Mai 1994 wartet mit einer besonderen Überraschung auf, obgleich sich das Wetter entgegen der Prognose nicht so freundlich zeigt. An diesem Tag muß die für den Fahrverschub in Reutte eingesetzte Rangierlok der Reihe 2067 durch eine andere ersetzt werden. Zu diesem Zweck wird der morgendlichen Direktverbindung E 1880 von Innsbruck ins Außerfern die 2067 083 beigegeben. Seit dem „Kopf machen" in Garmisch befindet sich die Diesellok am Zugschluß, unweit Bad Kreckelmoos hat die seltene Zusammenstellung Reutte in Tirol fast erreicht.

Rund um die Zugspitze

Regulär ist die im Jahre 1929 gebaute Berglokomotive 11 der Zugspitzbahn nur noch im nächtlichen Versorgungsdienst für das Schneefernerhaus tätig. Wegen Gleisbauarbeiten im Sommer 1997 ist der nunmehr fast 70 Jahre alte Oldtimer jedoch bei Tageslicht für die Beförderung von Gleisbauzügen eingeteilt. Am 10. Juni 1997 ist die Maschine mit einem Bauzug zur Baustelle am Riffelriß gekommen und wartet in der Ausweiche auf die Rückfahrt. (OE)

Schnellfahrlokomotiven der Baureihe 103 sind im Bahnbetriebswerk von Garmisch-Partenkirchen äußerst seltene Gäste. Umso erfreulicher ist das hier gezeigte Stelldichein vor den Ammergauer Alpen am Vormittag des 24. Januar 1981, als die blankgeputzte Frankfurter 103 113 mit der sichtlich weniger gepflegten Münchener 111 049 zusammentrifft.

Einige Stunden später fährt die Lok dann nach Klais, um im dortigen Bahnhof am Ladegleis abgestellt zu werden. Anschließend wird die örtliche Feuerwehr zu einem sicherlich einmaligen Einsatz ausrücken: es gilt, diesen Zug „winterlich“ zu gestalten. Dazu wird – vor allem die Lok – zuerst mit Wasser, anschließend mit dem reichlich vorhandenen Schnee „verziert“. In der darauf folgenden Nacht wird das Gespann zum Gelingen eines Werbefilms dienen.

Die Mittenwaldbahn

Bild oben: Die neurote Farbgebung ist bereits die dritte Lackierungsvariante für die abgebildete 111 049. Ausgeliefert wurde sie im türkis-beigen Anstrich, anschließend für die Beförderung der Airport-Express der Lufthansa in deren Hausfarben weiß und gelb gespritzt.

Schließlich erstrahlt sie im neuroten Gewand. Das Bild zeigt die Lok am 1. August 1993 bei Klais in den Buckelwiesen mit N 6424 und dem mächtigen Karwendelgebirge auf dem Weg nach Garmisch.

Bild rechts: Nur wenige hundert Meter vom letzten Standpunkt entfernt ergibt sich auf Höhe des Einfahrsignales von Klais ein weiterer Blick auf das über 2500 Meter hohe Bergmassiv, mit E 3642 nähert sich von Mittenwald kommend die 111 039 Deutschlands höchstgelegenem IC-Bahnhof (14. Juni 1993).

Auf der Karwendelbahn nach Innsbruck

Er war von den Gleisen der „Karwendelbahn" (Mittenwald – Innsbruck) nicht wegzudenken, der Gläserne Zug mit Baureihenbezeichnung 491 001. Auch am zweiten Weihnachtstag 1992 führt ihn seine Reise in die Tiroler Landeshauptstadt über deren Gleise. Unweit von Leithen genießen nicht nur die zahlreichen Fahrgäste die traumhafte Aussicht in die Tiroler Bergwelt.

Am 12. Juli 1990 senkte sich die über die Hauptbahn Rosenheim – Kufstein führende Autobahnbrücke in Kufstein ab und drohte sogar einzustürzen. Daher mußte vorsorglich die wichtige Nord-Süd-Bahnverbindung gesperrt werden, großräumige Umleitungen mit entsprechenden Verspätungen, aber auch zahlreiche interessante Bespannungen waren die Folge. Umleitungsstrecke war unter anderem die eingleisige „Karwendelbahn", auf der sich am Abend des 13. Juli 1990 die 1020 003 zusammen mit der 111 214 bei Leithen mühen, die lange Garnitur des EuroCity 84 „Michelangelo" (Rom – München) aus dem Inntal heraus zum Scheitelpunkt auf 1181 Höhenmeter in Seefeld zu befördern.

Auch am nächsten Tag dauerte die betriebliche Ausnahmesituation an. Auf dem 56,3 Meter langen Schloßbach-Viadukt zwischen Seefeld und Hochzirl begegnen die im sogenannten „Schachbrettmuster“ lackierte 1044 092 und die 110 337 mit EuroCity 81 „Garda“ (München – Verona) dem Fotografen. Der Zug ist zum Aufnahmezeitpunkt bereits über zwei Stunden verspätet.

Nach Befahren des Schloßbachviadukts führt die Bahnlinie durch den rund 721 Meter langen gleichnamigen Tunnel. Wieder am Tageslicht angelangt ist der Nahverkehrstriebwagen 4030 311 als R 5439 am 31. Dezember 1988, er schlängelt sich durch die engen Radien dieser Gebirgsbahn und wird in Kürze in Hochzirl eintreffen.

Durchs Werdenfelser Land nach München

Nur an Samstagen verkehren ICE.1-Triebzüge bis nach Garmisch-Partenkirchen. Die morgendliche Zuführung dorthin wird ohne Fahrgäste als Lt 33681 von München-Laim durchgeführt, anschließend beginnt die Fahrt nach Hamburg. Noch auf seiner Überführungsfahrt in Richtung Zugspitze befindet sich der Triebzug am 19. Juni 1993 zwischen Oberau und Farchant.

Mit zwei Lokomotiven der Baureihe 111 von Garmisch her kommend ist der IC 512 am 22. August 1986 bespannt. Die Doppeltraktion ist durch die Rückführung der 111 011 notwendig geworden, um auf der bis Tutzing größtenteils eingleisigen Hauptbahn eine Lokleerfahrt nach München zu vermeiden. Bei Ohlstadt können die Reisenden nochmals den Blick auf die Zugspitze genießen.

Als eine der ersten Vertreterinnen der Baureihe 113 in der neuroten Farbgebung präsentiert sich im Jahr 1993 die 113 268. Vor dem Hintergrund der Ammergauer Alpen macht sie sich am 9. Mai mit dem E 3614 unweit des Bahnhofs von Uffing am Staffelsee auf den Weg nach München, nächster Halt wird in Huglfing sein.

Eine umsteigefreie Verbindung zwischen Garmisch-Partenkirchen und Dortmund wurde jahrelang durch den Fernexpreß FD 1984 hergestellt. Dieser Zug verkehrte allerdings nicht über München Hbf, sondern benutzte ab Weilheim die Strecke über Geltendorf und Mering nach Augsburg. Dies führte zu der betrieblichen Besonderheit, daß im nicht elektrifizierten Abschnitt von Weilheim bis Geltendorf noch eine Diesellok der Baureihe 218 vorgespannt werden mußte. Ungeachtet der noch bevorstehenden Maßnahme verläßt der Zug am 1. Januar 1992 mit 111 214 den Bahnhof von Uffing am Staffelsee und das Werdenfelser Land.

Bildautorenverzeichnis

Dietmar Beckmann – 76, 78, 79, 82, 83 beide, 84, 88 bis 109
Jochen Ebmeyer – 42, 43 oben, 62
Oliver Edingshaus – 15, 30, 32/33, 132
Axel Herud – 44, 77, 80, 81
Michael Hubrich – 36, 37
Bernhard Reichert – 47
Hans-Jürgen Rosenberger – 63 beide
Thomas Wunschel – 17, 38, 45, 48, 49, 53, 71, 75
Alle anderen Aufnahmen stammen vom Bernd Eisenschink.